教育部－浪潮集团产学合作协同育人项目成果　　　　　普通高等学校计算机教育"十三五"规划教材

inspur 浪潮

Web
前端开发技术

（jQuery+Ajax）

慕课版

浪潮优派◎策划

谭丽娜 陈天真 郭倩蓉◎主编

U0191555

人民邮电出版社

北 京

图书在版编目（CIP）数据

Web前端开发技术：jQuery+Ajax：慕课版 / 谭丽娜，陈天真，郭倩蓉主编. -- 北京：人民邮电出版社，2019.7（2023.1重印）
普通高等学校计算机教育"十三五"规划教材
ISBN 978-7-115-50807-2

Ⅰ. ①W… Ⅱ. ①谭… ②陈… ③郭… Ⅲ. ①网页制作工具－高等学校－教材②JAVA语言－程序设计－高等学校－教材 Ⅳ. ①TP393.092.2②TP312.8

中国版本图书馆CIP数据核字(2019)第028074号

内 容 提 要

本书由浅入深地对 jQuery 和 Ajax 的基础知识及应用进行了介绍。全书共 10 章，第 1～2 章是 jQuery 入门和基础知识，第 3～6 章是 jQuery 的具体介绍和应用，第 7～9 章是 Ajax 技术及应用，第 10 章是综合案例。

本书既可作为高等院校 Web 开发相关课程的教材和辅导书，也可作为对 Web 开发感兴趣的初学者的入门读物。

♦ 主　编　谭丽娜　陈天真　郭倩蓉
　　责任编辑　张　斌
　　责任印制　陈　犇
♦ 人民邮电出版社出版发行　　北京市丰台区成寿寺路 11 号
　　邮编　100164　　电子邮件　315@ptpress.com.cn
　　网址　http://www.ptpress.com.cn
　　固安县铭成印刷有限公司印刷
♦ 开本：787×1092　1/16
　　印张：12.75　　　　　　　2019 年 7 月第 1 版
　　字数：341 千字　　　　　2023 年 1 月河北第 7 次印刷

定价：45.00 元

读者服务热线：(010)81055256　印装质量热线：(010)81055316
反盗版热线：(010)81055315
广告经营许可证：京东市监广登字20170147号

jQuery 是 Web 前端开发中重要的技术之一，是一个轻量级的 JavaScript 库。全世界 80%～90% 的网站在开发中直接或间接地使用了 jQuery，它是 JavaScript 众多库中使用最广泛的一个库。jQuery 封装了 JavaScript 常用的功能代码，提供简便的 JavaScript 设计模式，优化 HTML 文档操作、事件处理、动画设计和 Ajax 交互，并且兼容各大主流浏览器。Ajax 是目前常用的创建交互式网页应用的开发技术之一。使用 jQuery 来实现 Ajax，不需要考虑不同浏览器的兼容问题，代码也能大大简化，极大地提高了网页开发效率。

本书是基于 jQuery 最新版本编写的，循序渐进地对 jQuery 和 Ajax 的基础知识进行系统介绍，力求通过简单通俗的例子来阐释复杂的知识点。学习本书内容之前需要读者具有一定的 HTML、CSS、JavaScrirpt 基础。

浪潮集团是我国综合实力强大的大型 IT 企业之一，是国内领先的云计算领导厂商，是先进的信息科技产品与解决方案服务商，也是"云+数"新型互联网企业。

浪潮优派科技教育有限公司（以下简称"浪潮优派"）是浪潮集团下属子公司，结合浪潮集团的技术优势和丰富的项目案例，致力于 IT 人才的培养。本书由浪潮优派具有多年开发经验和实训经验的 IT 培训讲师撰写，全书知识点讲解条理清晰、循序渐进。本书还提供了丰富的配套案例和微课视频，读者可扫描二维码直接观看。全书每章都有配套习题和上机实验，并配有案例源代码和电子课件，读者可登录人邮教育社区（www.ryjiaoyu.com）下载。

本书共 10 章，各章内容如下。

第 1 章 jQuery 入门，包括 jQuery 总体介绍、开发工具的安装和使用等。

第 2 章 jQuery 基础知识，为后续内容学习进行铺垫。

第 3 章 jQuery 选择器，通过大量的实例介绍了四大类选择器。

第 4 章 jQuery 操作 DOM，介绍 jQuery 操作 DOM 节点和 DOM 样式。

第 5 章 jQuery 中的事件，主要介绍事件绑定的知识。

第 6 章 jQuery 中的动画，详细介绍了基本动画、常用动画和自定义动画。

第 7 章 Ajax 技术，介绍 Ajax 的基本概念、工作原理和开发步骤。

第 8 章 jQuery 中的 Ajax 应用，介绍 jQuery 提供的 Ajax 请求方法。

第 9 章 JSON，主要介绍 JSON 格式数据在客户端、服务器端的生成与解析。

第 10 章综合案例，通过音乐商城的开发，综合练习了本书主要的知识点。

谭丽娜、陈天真、郭倩蓉担任本书主编，并进行了全书审核和统稿。此外，为了使本书更适合高校使用，与浪潮集团有合作关系的部分高校老师也参与了本书的编写工作，包括山东管理学院王高峰、李雅林，山东财经大学邹立达，德州学院李天志、胡凯。在此感谢他们在本书撰写过程中提供的帮助和支持。

由于编者水平有限，书中难免存在不足之处，希望各位读者批评指正。

编者

2019 年 5 月

目 录 CONTENTS

第1章　jQuery 入门 ················· 1

1.1　JavaScript ···················· 1
  1.1.1　JavaScript 简介 ············ 1
  1.1.2　JavaScript 库 ·············· 1
1.2　jQuery 简介 ·················· 4
  1.2.1　jQuery 的理念 ············· 4
  1.2.2　jQuery 的优势 ············· 4
  1.2.3　jQuery 的版本对比 ········· 6
  1.2.4　jQuery 新版本介绍 ········· 6
1.3　学习 jQuery 前的知识准备 ··· 6
1.4　jQuery 文件库 ··············· 7
  1.4.1　jQuery 文件库对比 ········· 7
  1.4.2　jQuery 文件库的下载 ······· 8
  1.4.3　jQuery 文件库的引入 ······· 9
1.5　jQuery 开发工具 ············ 10
1.6　开发第一个应用程序 ········ 11
本章小结 ··························· 15
习题 ······························· 15

第2章　jQuery 基础知识 ····· 16

2.1　jQuery 基础语法 ············ 16
  2.1.1　jQuery 的语法结构 ········ 16
  2.1.2　符号$的使用 ············· 17
2.2　jQuery 的代码风格 ········· 18
  2.2.1　jQuery 的链式编程风格 ···· 18
  2.2.2　jQuery 代码的注释 ········ 21
2.3　文档就绪函数 ··············· 22
2.4　jQuery 对象与 DOM 对象 ··· 27
  2.4.1　jQuery 对象 ·············· 28
  2.4.2　DOM 对象 ··············· 28
  2.4.3　jQuery 对象与 DOM 对象的
      相互转化 ················· 29

本章小结 ··························· 30
习题 ······························· 30

第3章　jQuery 选择器 ········ 31

3.1　jQuery 选择器简介 ········· 31
  3.1.1　JavaScript 选取元素 ······· 31
  3.1.2　jQuery 获取元素 ·········· 33
  3.1.3　jQuery 选择器的分类 ······ 34
3.2　基本选择器 ················· 34
3.3　层次选择器 ················· 37
3.4　过滤选择器 ················· 40
  3.4.1　基本过滤选择器 ·········· 40
  3.4.2　内容过滤选择器 ·········· 43
  3.4.3　可见性过滤选择器 ········ 45
  3.4.4　属性过滤选择器 ·········· 47
  3.4.5　子元素过滤选择器 ········ 50
  3.4.6　表单对象属性过滤选择器 ·· 53
3.5　表单选择器 ················· 54
本章小结 ··························· 57
习题 ······························· 57

第4章　jQuery 操作 DOM ··· 58

4.1　jQuery 操作 DOM 简介 ····· 58
4.2　jQuery 操作 DOM 节点 ····· 59
  4.2.1　新建 ···················· 59
  4.2.2　添加 ···················· 59
  4.2.3　删除 ···················· 61
  4.2.4　修改 ···················· 66
  4.2.5　查找 ···················· 70
4.3　jQuery 的其他操作 ········· 70
  4.3.1　属性操作 ················ 70
  4.3.2　样式操作 ················ 77

4.3.3 设置和获取元素 ……………… 81
4.3.4 设置和获取值 ………………… 83
4.3.5 遍历节点 …………………… 84
本章小结 ……………………………… 85
习题 …………………………………… 86

第5章 jQuery 中的事件 …………… 87

5.1 事件介绍 ………………………… 87
5.2 页面载入事件 …………………… 87
5.3 jQuery 绑定的事件 ……………… 88
5.3.1 常见事件监听方式 …………… 88
5.3.2 使用 on()方法绑定事件 ……… 90
5.3.3 使用 one()方法绑定事件 …… 95
5.3.4 解除事件绑定 ……………… 95
5.3.5 模拟用户操作 ……………… 97
5.3.6 常见事件分类 …………… 101
5.4 事件冒泡 ……………………… 102
5.5 事件对象 ……………………… 105
本章小结 …………………………… 109
习题 ………………………………… 109

第6章 jQuery 中的动画 ………… 111

6.1 jQuery 基本动画效果 ………… 111
6.1.1 show()方法 ……………… 111
6.1.2 hide()方法 ……………… 114
6.1.3 toggle()方法 …………… 116
6.2 jQuery 常用动画效果 ………… 117
6.2.1 滑动效果 …………………… 118
6.2.2 淡入淡出 …………………… 119
6.3 jQuery 自定义动画效果 ……… 122
6.3.1 自定义动画效果的介绍 …… 122
6.3.2 自定义动画效果的使用 …… 122
6.3.3 stop()方法 ……………… 123
6.3.4 动画队列 …………………… 124
本章小结 …………………………… 127
习题 ………………………………… 127

第7章 Ajax 技术 ………………… 130

7.1 Ajax 简介 ……………………… 130
7.1.1 Ajax 与传统 Web 的区别 … 130
7.1.2 Ajax 包含的技术 ………… 134
7.1.3 Ajax 的优势与不足 ……… 134
7.1.4 Ajax 的应用 ……………… 134
7.2 Ajax 的工作原理 ……………… 137
7.3 Ajax 的开发过程 ……………… 138
本章小结 …………………………… 145
习题 ………………………………… 145

第8章 jQuery 中的 Ajax 应用 ………………………… 147

8.1 jQuery 中的 Ajax ……………… 147
8.2 ajax()方法 …………………… 147
8.3 简单方法 ……………………… 156
8.3.1 get()方法 ………………… 156
8.3.2 getJSON()方法 …………… 157
8.3.3 getScript()方法 ………… 158
8.3.4 post()方法 ……………… 159
8.3.5 load()方法 ……………… 160
8.4 序列化 ………………………… 162
本章小结 …………………………… 165
习题 ………………………………… 166

第9章 JSON ……………………… 167

9.1 Ajax 数据传输格式 …………… 167
9.2 JSON 概述 …………………… 168
9.3 在 JavaScript 中使用 JSON …… 170
9.4 Ajax 客户端处理 JSON 字符串 … 174
9.5 Ajax 服务器端生成 JSON …… 175
9.5.1 JavaBean 转 JSON ……… 178
9.5.2 List 转 JSON ……………… 179
9.5.3 Map 转 JSON ……………… 181
9.6 JSON、XML 和 HTML ………… 182
本章小结 …………………………… 183

习题 ···183

第 10 章　综合案例 ···············184

10.1　案例介绍 ···················184
10.2　开发环境 ···················184
10.3　目录结构 ···················184
10.4　主要功能 ···················185
　10.4.1　页面布局 ··············185

10.4.2　网页选项卡 ···········187
10.4.3　登录功能 ···············188
10.4.4　鼠标滑过导航显示下拉菜单·····190
10.4.5　广告图片轮播 ·········191
10.4.6　鼠标滑过小图显示大图·······195
本章小结 ·······································196
习题 ···196

第1章 jQuery 入门

学习目标

- 理解 jQuery 的概念、优势
- 掌握学习 jQuery 前的知识准备
- 掌握 jQuery 文件库版本选择及下载方法
- 掌握开发工具的安装方法
- 掌握一个简单的 jQuery 程序的开发方法

1.1 JavaScript

1.1.1 JavaScript 简介

正式介绍 jQuery 之前，首先介绍一下 JavaScript。

JavaScript 是一种脚本语言，用于处理网页和用户之间的动态交互，使网页可以包含更多的活跃元素和更多精彩的内容。

随着 Web 2.0 的兴起，JavaScript 越来越受到重视，一系列 JavaScript 程序库也逐渐发展起来，从早期的 Prototype、Dojo 到 jQuery，再到 Ext JS，JavaScript 始终在 Web 开发中占据着重要位置。

JavaScript
简介

但是使用 JavaScript 进行开发存在很多的弊端，例如，JavaScript 对不同厂商的浏览器不能进行兼容性的开发，甚至对同一厂商不同版本的浏览器都无法兼容；对开发人员而言，JavaScript 复杂的文档对象模型使代码更加烦琐。

伴随着 Web 开发的迫切需要，一种新型的基于 JavaScript 的 Web 技术——Ajax（Asynchronous JavaScript and XML，异步的 JavaScript 和 XML）诞生了，使网页的开发更加便捷，也缓解了网页运行的压力。

1.1.2 JavaScript 库

为了简化 JavaScript 的开发，JavaScript 库应运而生。JavaScript 库封装了很多预定义的对象和函数，能够帮助使用者轻松地创建有高难度交互的 Web 特性的富客户端页面，并且兼容各大浏览器。

图 1-1 是根据人们使用 Google 浏览器访问的 JavaScript 库的排行榜，从折线图可以看出，在 2009—2010 年，Prototype 占据的份额最高，但是后期逐渐下降。而 jQuery

自 2008 年开始就逐渐上升，直至 2012 年，基本稳定占据最高份额。那么为什么 jQuery 可以占据这么高的份额并且逐渐增长直至稳定呢？下面对市面上流行的几种 JavaScript 库做一个简单对比。

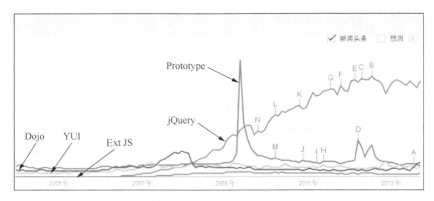

图 1-1　各大 JavaScript 库在 Google 浏览器的访问排行

（1）Prototype 是最早成型的 JavaScript 库之一，对 JavaScript 的内置对象（如 String 对象、Array 对象等）做了大量扩展，现在还有很多项目使用 Prototype。Prototype 可以看作是把很多好的、有用的 JavaScript 的方法组合在一起而形成的 JavaScript 库，使用者可以在需要的时候随时将其中的几段代码抽出来放进自己的脚本里。但是由于 Prototype 成型年代较早，从整体上对面向对象编程思想把握得不是很到位，导致了其结构松散。Prototype 的图标如图 1-2 所示。

（2）Dojo 是一款非常适合企业级应用的 JavaScript 库，并且得到了 IBM、Oracle 等一些大公司的支持。Dojo 的强大之处在于它提供了很多其他 JavaScript 库没有提供的功能，如离线存储的 API、生成图标的组件、基于 SVG/VML 的矢量图形库和 Comet 支持等。但是 Dojo 的缺点也很明显：学习曲线陡，文档不齐全，API 不稳定，每次升级都导致已有的程序失效等。后来的 Dojo 新版本有所改变，总体来说，Dojo 还是一个很有潜力的 JavaScript 库。Dojo 的图标如图 1-3 所示。

图 1-2　Prototype 图标

图 1-3　Dojo 图标

（3）YUI 全称是 The Yahoo! User Interface Library，是由 Yahoo 公司开发的一套完备的、扩展性良好的富交互网页程序工具集。YUI 封装了一系列丰富的功能，如 DOM 操作和 Ajax 应用等，同时还包括了几个核心的 CSS 文件。该库本身文档极其完备，代码编写也非常规范。YUI 的图标如图 1-4 所示。

（4）Ext JS 常简称为 Ext，原本是对 YUI 做的一个扩展，主要用于创建前端用户界面，如今已经发展到可以利用包括 jQuery 在内的多种 JavaScript 框架作为基础库。而 Ext 作为界面的扩展库可以用来开发具有华丽外观的富客户端应用，使 B/S 应用更加具有活力。但是由于 Ext 侧重于界面，本身比较臃肿，所以使用之前需要权衡利弊。另外需要注意的是，Ext 并非完全免费，如果用于商业用途需要付费获取授权。Ext JS 的图标如图 1-5 所示。

图 1-4　YUI 图标　　　　　　　　　　　　图 1-5　Ext JS 图标

（5）MooTools 是一套轻量、简洁、模块化和面向对象的 JavaScript 框架。MooTools 的语法几乎和 Prototype 一样，却提供了更为强大的功能、更好的扩展性和兼容性。且 MooTools 使用了模块化思想，核心代码大小只有 8KB，无论用到哪个模块都可即时导入，即使是完整版大小也不超过 160KB。Mootools 彻底地贯彻了面向对象的编程思想，语法简洁直观，文档完善，是一个优秀的 JavaScript 库。MooTools 的图标如图 1-6 所示。

图 1-6　MooTools 图标

（6）jQuery 是一个轻量级的 JavaScript 库，拥有强大的选择器、出色的 DOM 操作、可靠的事件处理、完善的兼容性和链式操作等特点。这些优点吸引了一大批 JavaScript 开发者去研究学习。jQuery 的图标如图 1-7 所示。

图 1-7　jQuery 图标

通过对比发现，每个 JavaScript 库都各有优缺点，回顾图 1-1 中几个 JavaScript 库的访问量，可以看出，jQuery 已经从众多的 JavaScript 库中脱颖而出，成为 Web 开发人员的最佳选择。

1.2 jQuery 简介

随着互联网的发展，用户对网页的体验要求越来越多。JavaScript 虽然提供了比较友好的页面交互，但是对网页的美化程度还有不足，不能更加完美地呈现网页效果。为了更好地进行网页开发，JavaScript 框架应运而生。目前网络上有大量开源的 JavaScript 框架，在 1.1 节已经做了介绍，此处不再赘述。根据对比，人们发现在众多 JavaScript 库中，jQuery 凭借着简洁的语法和跨平台的兼容性，极大地简化了 JavaScript 开发人员遍历 HTML 文档、操作 DOM、处理事件、执行动画和开发 Ajax 的操作，从而成为目前流行的 JavaScript 框架，而且其还提供了大量的扩展。很多大公司都在使用 jQuery，如 Google、Microsoft、IBM、Netflix 等。下面将对 jQuery 进行介绍。

1.2.1 jQuery 的理念

2006 年，约翰·莱西格（John Resig）发布了 jQuery。jQuery 主要用于操作 DOM 对象，其优雅的语法、符合直觉的事件驱动型的编程思维使用户极易上手，因此很快风靡全球，大量基于 jQuery 的插件构成了一个庞大的生态系统，更加稳固了 jQuery 成为最流行的 JavaScript 库的地位。

jQuery 是一个轻量级的 JavaScript 库（或 JavaScript 框架）。jQuery 的理念是写得少，做得多（write less，do more）。它封装了 JavaScript 常用的功能代码，提供一种简便的 JavaScript 设计模式，优化 HTML 文档操作、事件处理、动画设计和 Ajax 交互。

1.2.2 jQuery 的优势

jQuery 独特的选择器、链式操作、事件处理机制和封装完善的 Ajax 都是其他 JavaScript 库望尘莫及的。概括起来，jQuery 具有以下优势。

1. 轻量级

jQUery 非常轻巧，采用 UglifyJS 压缩后，大小保持在 30KB 左右。jQuery 中只包含了核心框架，市面上很多的第三方工具都是借助它进行开发的。

2. 强大的选择器

jQuery 允许开发者使用 CSS1 到 CSS3 几乎所有的选择器，以及 jQuery 独创的高级而复杂的选择器。另外还可以加入插件使其支持 XPath 选择器，甚至可以开发和编写属于自己的选择器。由于 jQuery 具有支持选择器这一特性，有一定 CSS 经验的开发人员可以很容易地切入 jQuery 的学习中来。第 3 章将详细讲解 jQuery 中强大的选择器。

3. 出色的 DOM 操作的封装

jQuery 封装了大量常用的 DOM 操作，使开发者在编写 DOM 操作相关程序时能够得心应手。jQuery 可以轻松地完成各种原本非常复杂的操作，让 JavaScript 新手也能写出出色的程序。第 4 章将重点介绍 jQuery 中的 DOM 操作。

4. 可靠的事件处理机制

jQuery 的事件处理机制吸收了 JavaScript 专家迪恩·爱德华兹（Dean Edwards）编写的事件处理

函数的精华，使 jQuery 在处理事件绑定的时候相当可靠。在预留退路、循序渐进以及非侵入式编程思想方面，jQuery 做得也非常不错。第 5 章将重点介绍 jQuery 中的事件。

5．完善的 Ajax

jQuery 将所有 Ajax 操作封装到一个函数$.ajax()里，使开发者处理 Ajax 的时候能够专心处理业务逻辑，无须关心复杂的浏览器兼容性和 XMLHttpRequest 对象的创建和使用的问题。本书在第 7 章将系统地介绍 Ajax 技术，并在第 8 章对照原生 Ajax 技术详细介绍在 jQuery 中如何简单使用 Ajax。

6．不污染顶级变量

jQuery 只建立一个名为 jQuery 的对象，其所有的函数方法都在这个对象之下。其别名$也可以随时交出控制权，绝对不会污染其他的对象。该特性使 jQuery 可以与其他 JavaScript 库共存，在项目中放心地引用而不需要考虑后期可能的冲突。

7．出色的浏览器兼容性

作为一个流行的 JavaScript 库，浏览器的兼容性是必须具备的条件之一。jQuery 能够在 IE 6.0+、FF 3.6+、Safari 5.0+、Opera 和 Chrome 等浏览器上正常运行。jQuery 同时修复了一些浏览器之间的差异，使开发者不必在开发项目前建立浏览器兼容库。

8．链式操作方式

jQuery 中最具有特色的莫过于它的链式操作方式——即对发生在同一个 jQuery 对象上的一组动作，可以直接连写而无须重复获取对象。这一特点使 jQuery 的代码无比优雅。在第 2 章将详细讲解 jQuery 的链式操作方式和链式操作的代码风格。

9．隐式迭代

当用 jQuery 找到带有.myClass 类的全部元素并隐藏它们时，无须循环遍历每一个返回的元素。同时，jQuery 里的方法都被设计成自动操作对象集合，而不是单独的对象，这使大量的循环结构变得不再必要，从而大幅减少了代码量。

10．行为层与结构层的分离

开发者可以使用 jQuery 选择器选中元素，然后直接给元素添加事件。这种将行为层与结构层完全分离的思想，可以使 jQuery 开发人员和 HTML 或者其他页面开发人员各司其职，摆脱过去开发冲突或者个人单干的开发模式。同时，后期维护也非常方便，开发人员不需要在 HTML 代码中寻找某些函数和重复修改 HTML 代码。

11．丰富的插件支持

jQuery 的易扩展性，吸引了来自全球的开发者编写 jQuery 的扩展插件。目前 jQuery 已经有成百上千的官方插件，而且还不断有新插件面世。

12．完善的文档

jQuery 的文档非常丰富，包括英文文档和中文文档。

13．开源

jQuery 是一个开源的产品，任何人都可以自由使用并提出改进意见。

1.2.3　jQuery 的版本对比

jQuery 的版本发展经历了 jQuery 1.x 和 jQuery 2.x，目前最新的版本是 jQuery 3.3.1。现在市面上对于 jQuery 1.x 和 jQuery 2.x 的使用仍存在，下面简单对比 jQuery 1.x 和 jQuery 2.x。

（1）jQuery 1.x：使用最广泛的一个版本，可以兼容更多的浏览器，功能更加完善。

（2）jQuery 2.x：不再支持 IE 6/7/8，如果在 IE 9/10 版本中使用"兼容性视图"模式也将会受到影响。与 jQuery 1.x 相比，jQuery 2.x 的内核发生了变化。

1.2.4　jQuery 新版本介绍

目前 jQuery 的最新版本是 3.3.1 版，包含了许多新特性，也提出要移除之前的几个特性，移除一些特性是为了 jQuery 4.0 做准备。在 jQuery 官网上，jQuery 核心团队负责人蒂米·威尔逊（Timmy Willison）发布了一篇关于 jQuery 3.3.0 的博客，其中提到"一般来说，jQuery 并不打算添加新的内容了。我们倾向于关注我们可以移除哪些东西，而不是我们可以添加哪些东西"。也就是说今后 jQuery 新版本重点是弃用了哪些功能，而不是新增特性。

尽管 jQuery 今后更加关注移除哪些功能，但是在 jQuery 3.3 中还是添加了一些新特性，例如，添加了.addClass()、.removeClass()和.toggleClass()，使其能够接受类数组，代码如下：

```
jQuery(elem).addClass([
    'dave', 'michał',
    'oleg', 'richard',
    'jason', 'timmy'
]);
```

有一些方法将要被弃用，如.now()、.isWindow()和.camelCase()等，具体包括：jQuery.now()、jQuery.isWindow()、jQuery.camelCase()、jQuery.proxy(not slated for removal)()、jQuery.type()、jQuery.isNumeric()、jQuery.isFunction()、Event aliases()。

蒂米·威尔逊提到："提出要移除 jQuery 的一些方法并不是表示该方法一定被移除：我们提出对一个方法的移除表示的是它将会被移除，它意味着我们建议大家使用其他的方法作为替代。"简单来说，这句话指对一些方法的"移除"表示其中一些方法将会被移除，但是仍然有一些方法会被无限期保留下来。

1.3　学习 jQuery 前的知识准备

在开始学习 jQuery 之前，读者需要先掌握 HTML、CSS、JavaScript 这三方面的知识，具体可以参照图 1-8 所示 Web 前端技术学习路线。另外，在学习 Ajax 技术之前，读者还需要掌握至少一种后台开发语言，如 Java、C#、PHP 等。本书讲解 Ajax 时，采用的后台开发语言为 Java。

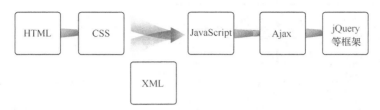

图 1-8 Web 前端技术学习路线图

1.4 jQuery 文件库

1.4.1 jQuery 文件库对比

jQuery 文件库可以在 jQuery 的官方网站进行下载。jQuery 文件库有未压缩版和压缩版两种形式，两种类型的对比如表 1-1 所示。

表 1–1 两种 jQuery 库类型对比

名称	大小	说明
jQuery.js（开发版）	约 229KB	完整未压缩版本，主要用于测试、学习和开发
jQuery.min.js（生产版）	约 31KB	经过工具压缩或者经过服务器开启 gzip 压缩，主要用于产品和项目

两种 jQuery 库文件的格式对比参考图 1-9 和图 1-10。

```
1   /*!
2    * jQuery JavaScript Library v1.11.1
3    * http://jquery.com/
4    *
5    * Includes Sizzle.js
6    * http://sizzlejs.com/
7    *
8    * Copyright 2005, 2014 jQuery Foundation, Inc. and other contributors
9    * Released under the MIT license
10   * http://jquery.org/license
11   *
12   * Date: 2014-05-01T17:42Z
13   */

15  (function( global, factory ) {

17      if ( typeof module === "object" && typeof module.exports === "object" ) {
18          // For CommonJS and CommonJS-like environments where a proper window is present,
19          // execute the factory and get jQuery
20          // For environments that do not inherently posses a window with a document
21          // (such as Node.js), expose a jQuery-making factory as module.exports
22          // This accentuates the need for the creation of a real window
23          // e.g. var jQuery = require("jquery")(window);
24          // See ticket #14549 for more info
25      module.exports = global.document ?
26          factory( global, true ) :
27          function( w ) {
```

图 1-9 jQuery.js 文档格式

```
1   /*! jQuery v1.11.1 | (c) 2005, 2014 jQuery Foundation, Inc. | jquery.org/license */
2   !function(a,b){"object"==typeof module&&"object"==typeof module.exports?module.exports=a.document?b(a,!0):function(a){if(!a.document)throw
    new Error("jQuery requires a window with a document");return b(a)}:b(a)}("undefined"!=typeof window?window:this,function(a,b){var c=[],d=c.
    slice,e=c.concat,f=c.push,g=c.indexOf,h={},i=h.toString,j=h.hasOwnProperty,k={},l="1.11.1",m=function(a,b){return new m.fn.init(a,b)},n=
    /^[\s\uFEFF\xA0]+|[\s\uFEFF\xA0]+$/g,o=/^-ms-/,p=/-([\da-z])/gi,q=function(a,b){return b.toUpperCase()};m.fn=m.prototype={jquery:l,constructor:
    m,selector:"",length:0,toArray:function(){return d.call(this)},get:function(a){return null!=a?0>a?this[a+this.length]:this[a]:d.call(this
    )},pushStack:function(a){var b=m.merge(this.constructor(),a);return b.prevObject=this,b.context=this.context,b},each:function(a,b){return
    m.each(this,a,b)},map:function(a){return this.pushStack(m.map(this,function(b,c){return a.call(b,c,b)}))},slice:function(){return this.
    pushStack(d.apply(this,arguments))},first:function(){return this.eq(0)},last:function(){return this.eq(-1)},eq:function(a){var b=this.
    length,c=+a+(0>a?b:0);return this.pushStack(c>=0&&b>c?[this[c]]:[])},end:function(){return this.prevObject||this.constructor(null)},push:f
    ,sort:c.sort,splice:c.splice},m.extend=m.fn.extend=function(){var a,b,c,d,e,f,g=arguments[0]||{},h=1,i=arguments.length,j=!1;for("boolean"==
    typeof g&&(j=g,g=arguments[h]||{},h++),"object"==typeof g||m.isFunction(g)||(g={}),h===i&&(g=this,h--);i>h;h++)if(null!=(e=arguments[h]))for
    (d in e)a=g[d],c=e[d],g!==c&&(j&&c&&(m.isPlainObject(c)||(b=m.isArray(c)))?(b?(b=!1,f=a&&m.isArray(a)?a:[]):f=a&&m.isPlainObject(a)?a:{},g[d]=m
    .extend(j,f,c)):void 0!==c&&(g[d]=c));return g},m.extend({expando:"jQuery"+(l+Math.random()).replace(/\D/g,""),isReady:!0,error:function(a){
    throw new Error(a)},noop:function(){},isFunction:function(a){return"function"===m.type(a)},isArray:Array.isArray||function(a){return
    "array"===m.type(a)},isWindow:function(a){return null!=a&&a===a.window},isNumeric:function(a){return!m.isArray(a)&&a-parseFloat(a)>=0},
    isEmptyObject:function(a){var b;for(b in a)return!1;return!0},isPlainObject:function(a){var b;if(!a||"object"!==m.type(a)||a.nodeType||m.
    isWindow(a))return!1;try{if(a.constructor&&!j.call(a,"constructor")&&!j.call(a.constructor.prototype,"isPrototypeOf"))return!1}catch(c){
    return!1}if(k.ownLast)for(b in a)return j.call(a,b);for(b in a)return void 0===b||j.call(a,b)},type:function(a){return null==a?a+"":
    "object"==typeof a||"function"==typeof a?h[i.call(a)]||"object":typeof a},globalEval:function(b){b&&m.trim(b)&&(a.execScript||function(b){a.
    eval.call(a,b)})(b)},camelCase:function(a){return a.replace(o,"ms-").replace(p,q)},nodeName:function(a,b){return a.nodeName&&a.nodeName.
    toLowerCase()===b.toLowerCase()},each:function(a,b,c){var d,e=0,f=a.length,g=r(a);if(c){if(g){for(;f>e;e++)if(d=b.apply(a[e],c),d===!1)
    break}else for(e in a)if(d=b.apply(a[e],c),d===!1)break}else if(g){for(;f>e;e++)if(d=b.call(a[e],e,a[e]),d===!1)break}else for(e in a)
    if(d=b.call(a[e],e,a[e]),d===!1)break;return a},trim:function(a){return null==a?"":(a+"").replace(n,"")},makeArray:function(a,b){var c=b
    ||[];return null!=a&&(r(Object(a))?m.merge(c,"string"==typeof a?[a]:a):f.call(c,a)),c},inArray:function(a,b,c){var d;if(b){if(g)return g.
    call(b,a,c);for(d=b.length,c=c>0?Math.max(0,d+c):c:0;d>c;c++)if(c in b&&b[c]===a)return c}return-1},merge:function(a,b){var c=+b.length,d=
    0,e=a.length;while(c>d)a[e++]=b[d++];if(c!==c)while(void 0!==b[d])a[e++]=b[d++];return a.length=e,a},grep:function(a,b,c){for(var d,e=[],f
```

图 1-10　jQuery.min.js 文档格式

对比图 1-9 和图 1-10 可以发现，开发版的 jQuery 文档是完全按照开发代码的格式进行排版的，有清晰的注释、缩进和换行，可以让开发人员清晰地读取代码，而生产版的 jQuery 文档格式则非常拥挤，不存在注释、缩进和换行的格式，这样使生产版的 jQuery 文档整体的文档偏小，运行起来占据的带宽小，提高运行速度。

1.4.2　jQuery 文件库的下载

jQuery 文件
库的下载

jQuery 未压缩版文件库在开发或调试、学习期间使用；压缩版文件库可以节省带宽并提高生产性能，一般用于产品发布。故这里我们选择未压缩版文件库 v3.3.1。

在 jQuery 的官方网站首页单击"Download jQuery v3.3.1"按钮（见图 1-11），进入下载页面，然后选中"Download the uncompressed, development jQuery 3.3.1"超链接（见图 1-12），单击鼠标右键，选择"链接另存为"（见图 1-13），便可以将最新版本的文件库下载到本地，如图 1-14 所示。

图 1-11　jQuery 官网

图 1-12　jQuery 文件库下载页面 1

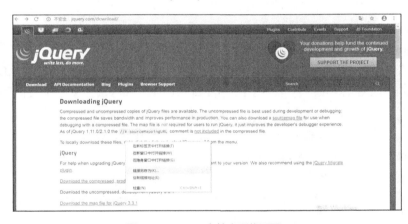

图 1-13　jQuery 文件库下载页面 2

图 1-14　jQuery 文件库另存页面

1.4.3　jQuery 文件库的引入

下载 jQuery v3.3.1 文件库到本地后，不需要进行任何安装，只需要在网页标签对<head></head>

中加入<script src="jQuery 文件库路径"></script>进行引用即可。此时按住 Ctrl 键，jQuery 文件库的路径显示为超链接的样式，则证明成功引入了 jQuery 文件库。

1.5　jQuery 开发工具

在开发中，借助得力的工具可以事半功倍。Web 前端开发涉及多种工具，对于初学者来说，选择 Adobe Dreamweaver 就足够了。由于 jQuery 是 JavaScript 库，所以本书的 jQuery 开发部分选择与浪潮优派开发的系列教材之一《Web 前端编程技术（HTML+CSS+JavaScript）》中同样的开发工具 Adobe Dreamweaver。

Adobe Dreamweaver 简称 DW，中文名称为"梦想编织者"，最初为美国 Macromedia 公司开发，2005 年该公司被 Adobe 公司收购。Adobe Dreamweaver 集网页制作和管理网站于一身，是"所见即所得"的网页代码编辑器。利用其对 HTML、CSS、JavaScript 等内容的支持，设计人员几乎可以在任何地方快速制作网页和进行网站建设。

Adobe Dreamweaver 可以实现"所见即所得"的功能，也有 HTML 编辑的功能，借助经过简化的智能编码引擎，可以轻松地创建、编码和管理动态网站。用户可快速了解 HTML、CSS 和其他 Web 标准。Adobe Dreamweaver 还可以使用视觉辅助功能减少开发中的错误并提高网站开发速度。

用户可以从 Adobe Dreamweaver 的官方网站下载免费试用版本，免费版试用期为 7 天，也可以购买经过授权的正版软件。本书以该软件的免费试用版为例介绍其下载和安装。

（1）在 Adobe 官网上找到 Dreamweaver 的免费试用版页面，如图 1-15 所示。单击"开始免费试用"按钮，进入图 1-16 所示的登录页面。

图 1-15　免费版本下载页面

图 1-16　登录页面

（2）在图 1-16 所示的登录页面，单击"登录"按钮进入登录信息页面，如图 1-17 所示。如果用户有 Adobe 账户，输入电子邮件地址和密码即可直接登录进入安装页面，如图 1-18 所示；如果没有 Adobe 账户，则单击"获取 Adobe ID"按钮，注册信息后再登录。

图 1-17　登录信息页面 1

图 1-18　登录信息页面 2

（3）进入图 1-18 所示的安装页面后，会弹出"是否允许此网站打开你计算机上的程序"提示框，选择"允许"，页面自动打开"Creative Cloud"，同时开始 Dreamweaver 的安装，如图 1-19 所示，安装完成后自动弹出 Dreamweaver 界面，如图 1-20 所示。

图 1-19　Creative Cloud

图 1-20　Dreamweaver 界面

1.6　开发第一个应用程序

在开发一个 jQuery 应用程序之前，开发者需先做好两项准备工作：①保证 jQuery 文件库已下载好；②已安装 Dreamweaver 工具。如果都准备好了，就可以开

开发第一个
应用程序

始第一个简单的 jQuery 应用程序的开发了。让我们从"Hello World"开始吧！

（1）双击图标 Dw，打开 Dreamweaver 开发环境，如图 1-21 所示，选择"文件"→"新建"命令。

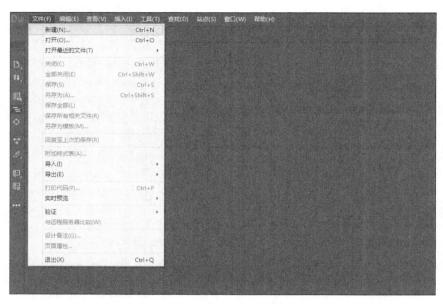

图 1-21　新建 HTML 文件 1

（2）在"新建文档"界面中左侧文档类型栏中选中"HTML"，右侧框架采用默认的即可，单击"创建"按钮，如图 1-22 和图 1-23 所示。

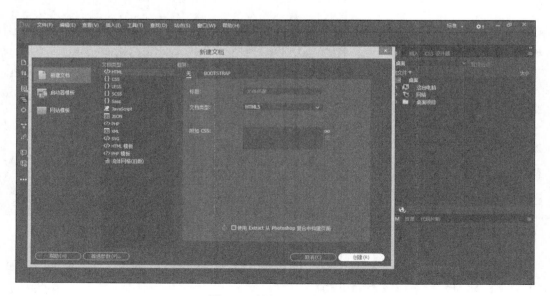

图 1-22　新建 HTML 文件 2

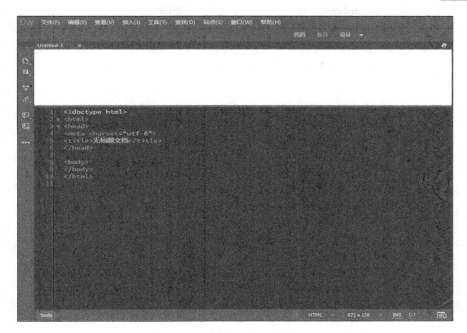

图 1-23　新建 HTML 文件 3

（3）在 Untitled-1.html 页面，添加<script src=""></script>标签对，导入 jQuery 文件库，如图 1-24 所示。

图 1-24　第一个 jQuery 程序

图 1-24 所示页面新增的代码如下：

```
<script src="C:/demo1/jquery-3.3.1.js"></script>
<script>
    alert("hello world!");
</script>
```

13

其中，<script src="C:/demo1/jquery-3.3.1.js"></script>是用来导入 jQuery 文件库的；<script>alert("hello world!");</script>中，写 jQuery 代码与 JavaScript 类似。

（4）保存 Untitled-1.html，按 Ctrl+S 组合键保存，弹出图 1-25 所示对话框，进行保存。

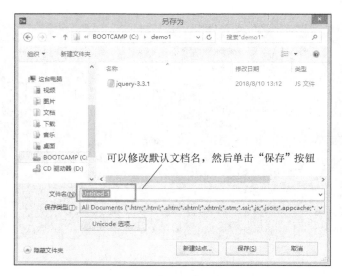

图 1-25 "另存为"对话框

（5）选中页面右下角"实时预览"图标，单击"Internet Explorer"，如图 1-26 所示，在浏览器运行 HTML 页面，运行结果如图 1-27 所示。

图 1-26 运行 HTML 页面

图 1-27   运行结果

本章小结

本章首先对 jQuery 进行了简单介绍，主要包括 jQuery 的作用、理念、产生、功能等，然后介绍了 jQuery 的下载、开发工具 Dreamweaver 的安装、jQuery 文件库的引入，最后演示了怎样开发一个简单的 jQuery 程序。通过这一章的学习，读者可以对 jQuery 有一个整体的认识，为后续的学习奠定基础。

习　　题

一、选择题

1. 下列特点中，（　　　）不属于 jQuery 框架的特点。
   A. 重量级　　　　　　　　　　　　　　B. 出色的 DOM 封装
   C. 链式操作方式　　　　　　　　　　　D. 行为层与结构层相分离

2. 关于 jQuery，以下说法中不正确的是（　　　）。
   A. jQuery 作为 JavaScript 的一个框架，遵循了 JavaScript 语言规范
   B. jQuery 具有轻量级、代码简洁、丰富的插件、浏览器兼容性强等优点
   C. jQuery 支持多种选择器，可灵活地控制网页样式
   D. 随着 jQuery 不断更新，它将逐步取代 JSP 等服务器端技术

二、简答题

1. jQuery 的理念是什么？
2. jQuery v3.3.1 文件库都支持哪些浏览器？
3. 在 HTML 页面中怎样引入 jQuery 文件库？
4. 学习 jQuery 之前需要掌握哪几方面技术？简单介绍这些技术。

第 2 章　jQuery 基础知识

学习目标
- 掌握 jQuery 基础语法
- 理解 jQuery 的链式编程风格
- 了解 jQuery 代码的注释的作用
- 认识 jQuery 的文档就绪函数
- 掌握 jQuery 对象与 DOM 对象的相互转化方法

2.1　jQuery 基础语法

通过第 1 章的学习，我们已经了解到 jQuery 是一个 JavaScript 的文件库。它提供了大量的 API，通过这些 API 可以大大简化 JavaScript 编程。jQuery 使 HTML 文档遍历和操作、处理事件、执行动画和开发 Ajax 更加简单。那我们在具体编程的时候怎样才能引用这些 API 呢？怎样使用它们实现对 HTML 文档遍历和操作、事件处理、动画和 Ajax 呢？接下来将进行详细讲解。

2.1.1　jQuery 的语法结构

在第 1 章已经介绍过一个 jQuery 程序应该如何进行书写，下面的代码是一个简单的 jQuery 程序。

jQuery 的语法结构

```
<head>
<script type="text/javascript" src="js/jquery-3.3.1.js"></script>

<script type="text/javascript">
    $(document).ready(function(){
        alert("Hello World!");
    });
</script>
</head>
```

这个 jQuery 程序用于打印输出 "Hello World!"。由这个程序可以了解到 jQuery 程序的基本结构。

1. jQuery 代码存放于<script></script>标签对中

jQuery 是 JavaScript 库，所以本质上 jQuery 还是脚本语言，脚本语言的定义位置就是在<script></script>标签对中，所以在书写 jQuery 程序的时候，代码的存放位置在<script></script>标签对中，<script></script>的位置可以在<head></head>标签对中，也可以在<body></body>标签对中，也可以在<body></body>标签对后。

2. 导入 jQuery 库文件

在当前页中如果需要用到 jQuery 进行编码，必须先导入 jQuery 库文件，导入代码为<script type="text/javascript" src="js/jquery-3.3.1.js"></script>，且 jQuery 库的导入需要在 jQuery 代码执行之前。

3. jQuery 的基础语法

jQuery 的基础语法规范是：

```
$(selector).action()
```

其中，符号$等价于 jQuery（又称工厂函数），说明这是一个 jQuery 对象，接下来会进行 jQuery 的方法、属性的引用。

selector 表示选择器（selector），用于"查询"和"查找"HTML 元素。

"."表示引用，后续为引用的方法或者属性。

action()表示引用的方法，一般表示需要对元素执行的操作。

下面简单看几个 jQuery 结构的使用：

```
$(this).hide()              // 隐藏当前元素
$("p").hide()               // 隐藏所有段落
$("p.test").hide()          // 隐藏所有 class="test" 的段落
$("#test").hide()           // 隐藏 id="test" 的元素
```

从上面这些简单的 jQuery 语句可以看出，jQuery 语句都是严格遵循 jQuery 的基础语法格式进行编写的。

jQuery 的基本语法、jQuery 库文件的导入是使用 jQuery 进行开发的基础性知识，开发者必须牢牢掌握。

2.1.2　符号$的使用

在 2.1.1 节中我们接触到了$，它代表什么含义呢？

$等价于 jQuery，其实可以简单地理解为，带有$的对象，就是 jQuery 对象，既然是 jQuery 对象，就可以对含有$的对象进行 jQuery 方法、属性的引用了。下面来看一组代码：

```
$('#hw').val('Hello World!');
```

以上代码等效于如下 JavaScript 代码：

```
document.getElementById('hw').value = 'Hello World!';
```

在 jQuery 编程中，符号$随处可见。在这里其实是$()代替了 jQuery()。所以上面的 jQuery 程序语句也可以改写如下：

```
jQuery('#hw').val('Hello World!');
```

这种书写方式，可以简化开发中的代码量，所以在开发中我们推荐使用$来代替 jQuery。

2.2　jQuery 的代码风格

　　代码风格是程序开发人员编写代码的书写风格，良好的代码风格可以使程序更好地进行后期维护，所以统一一种 jQuery 代码风格，是学习 jQuery 开发的一个重要内容。下面将详细介绍 jQuery 开发中最特殊的代码风格——链式操作。

2.2.1　jQuery 的链式编程风格

　　通过一个案例来展示 jQuery 的链式编程风格。先写一个页面，展示一个列表，代码如下：

jQuery 的链式编程风格

```
<body>
    <div>
        <ul class="menu">
            <li class="level1">
                <a href="#none">水果</a>
                <ul class="level2">
                    <li><a href="#none">苹果</a></li>
                    <li><a href="#none">桃子</a></li>
                    <li><a href="#none">橘子</a></li>
                    <li><a href="#none">梨</a></li>
                </ul>
            </li>
            <li class="level1">
                <a href="#none">蔬菜</a>
                <ul class="level2">
                    <li><a href="#none">菠菜</a></li>
                    <li><a href="#none">油菜</a></li>
                    <li><a href="#none">芹菜</a></li>
                    <li><a href="#none">萝卜</a></li>
                </ul>
            </li>
            <li class="level1">
                <a href="#none">主食</a>
                <ul class="level2">
                    <li><a href="#none">面条</a></li>
                    <li><a href="#none">馒头</a></li>
                    <li><a href="#none">米饭</a></li>
                    <li><a href="#none">大饼</a></li>
                </ul>
            </li>
        </ul>
    </div>
</body>
```

执行后可以得到一个展示列表，如图 2-1 所示。

此时单击每个选项时，可以进行扩展，展示出该选项对应的子选项，使用 jQuery 来实现这个效果，代码如下：

```
<script type="text/javascript">
    $(function(){
        $(".level1 > a").click(function(){
            $(this).addClass("current").next().show().parent.siblings().
            children("a").removeClass("current").next().hide();
            return false;
        });
    });
</script>
```

代码执行后效果如图 2-2 所示。

图 2-1 展示列表页面

图 2-2 扩展效果

上述代码的扩展效果就是通过 jQuery 的链式操作实现的，所有增加 current 类的操作、查询子元素的方法调用、动画方法的调用等都是对同一个元素进行的，所以在开始获取到一个 jQuery 对象后，后面所有的方法、属性的调用都通过 "." 进行连续调用即可，这种模式就是链式操作。

链式操作的使用可以精简代码，以上例来说，若没有链式操作，每一个方法或者属性进行调用的时候都会进行一次 jQuery 对象的获取，那么 jQuery 对象获取的代码就是程序中的重复代码。

为了增强代码的可读性和可维护性，将上面链式代码的格式修改如下：

```
<script type="text/javascript">

    $(function(){
        $(".level1 > a").click(function(){
            //给当前的元素添加 current 样式
            $(this).addClass("current")
            //下一个元素显示
            .next().show()
            //父元素的同辈元素的子元素 a 移除 current 样式
            .parent.siblings().children("a").removeClass("current")
```

19

```
                                    //它们的下一个元素隐藏
                        .next().hide();
                        return false;
                    });

                });

</script>
```

经过规范格式的调整后，增加了代码的易读性，更加方便后期的维护。

那么代码的格式规范需要遵循什么样的要求呢，有没有什么规定呢？对于同一个 jQuery 对象进行链式操作时，主要遵循下面 3 条格式规范。

（1）对于同一个对象不超过 3 个操作，可以直接写成一行，代码如下：

```
<script type="text/javascript">

        $(function(){

                $("li").show().unbind("click");

        });

</script>
```

（2）对于同一对象的较多操作，建议每行写一个操作，代码如下：

```
<script type="text/javascript">

        $(function(){

                $(this).removeClass("mouseout")
                .addClass("mouseover")
                .stop()
                .fadeTo("fast",0.6)
                .fadeTo("fast",1)
                .unbind("click")
                .click(function(){
                        ......
                });

        });

</script>
```

（3）对于多个对象的少量操作，可以每个对象写一行，如果涉及子元素，可以考虑适当地缩进。修改上例代码如下：

```
<script type="text/javascript">

        $(function(){

                $(this).addClass("highLight")
                        .children("a").show().end()
```

```
            .siblings().removeClass("highLight")
                .children("a").hide();


    });

</script>
```

2.2.2　jQuery 代码的注释

在开发过程中，有一个需要开发人员掌握的重要方法就是添加代码的注释，主要是方便后期维护以及团队开发中帮助其他人理解代码。当代码编写一段时间后，再回去读代码时，注释可以辅助开发人员发现问题出现在哪里；当其他人修改自己的代码的时候，也可以根据注释来判断一些变量和代码的含义；当需要补充一些开发文档时，注释也可以更好地起到提示和思路推进作用。在 jQuery 中同样需要适当的注释来进行描述解释，如下有一段代码：

```
<script type="text/javascript">

    $(function(){
        $("#table">tbody>tr:has(td:has(:checkbox:enabled))").css("background","red");

    });

</script>
```

这段代码即使是开发经验丰富的 jQuery 开发者也不能立刻看懂。

这段代码的作用是，在一个 id 为 table 的表格的 tbody 元素中，如果某行的一列中的 checkbox 没有被禁用，则把这一行的背景色设为红色。

jQuery 的选择器很强大，能够省去使用普通的 JavaScript 必须编写的很多行代码。但是在编写一个优秀的选择器的时候，不要忘记给代码加上注释。

在上段代码中添加注释，就能提高其可读性，代码如下：

```
<script type="text/javascript">

        $(function(){

            //在一个 id 为 table 的表格的 tbody 元素中，如果某行的一列中的 checkbox 没有
被禁用，则把这一行的背景色设为红色
            $("#table">tbody>tr:has(td:has(:checkbox:enabled)) ").css("back
ground","red");

        });
```

这样代码的含义明显比没有注释的时候易懂了很多。

当然，注释的添加一定要及时，不要想着将代码写完后，后期再补充注释，一定要在完成一个变量的设定，或完成一行需要描述的代码后，及时添加注释。

还需要注意，注释不是越多越好，如果代码的整篇都是注释，却很少看到代码，这样就曲解了注释的意义。必要的地方，如类、方法、参数是必须要有注释的；至于方法体的逻辑，选择性地加

以注释即可；对于不易理解的 if else 分支语句，简单注释即可。另外，读者还需要注意多提升对代码的理解能力，用精练的语言表达出代码的核心意义。

2.3 文档就绪函数

在 JavaScript 开发中，经常会有页面和交互操作的结合，例如，在页面上有一个控件，需要在 JavaScript 中进行调用，那么按照代码的处理逻辑，就需要先获取页面中的控件，然后才能在 JavaScript 脚本中使用该控件。

实例：打开页面的时候，获取页面\<div\>\</div\>标签对的值，并在客户端用提示框显示出来。

```html
<!doctype html>
<html>

    <head>

        <title>实例1</title>

        <script type="text/javascript" src="js/jquery-3.3.1.js"></script>

            <script type="text/javascript">

                    alert("欢迎"+$("#msg").html());

            </script>

    </head>

    <body>

        <div id="msg">world</div>

    </body>

</html>
```

该段代码的执行结果如图 2-3 所示。

图 2-3　执行结果 1

可以看到，弹出提示框中并没有正确获取<div id="msg">world</div>标签对中的文本内容，而且当前浏览器页面也未显示"world"这一文本内容，这是因为浏览器解释执行客户端代码的顺序是自上而下，边加载边执行。先执行弹出提示框的操作时，<div id="msg">world</div>标签还未被加载，故出现图 2-3 的错误。

按照这种思路，如果把 JavaScript 代码放在 HTML 代码后，是否就可以正常执行了？修改上述代码如下：

```html
<!doctype html>
<html>

    <head>

        <title>实例1</title>

        <script type="text/javascript" src="js/jquery-3.3.1.js"></script>

    </head>

    <body>

      <div id="msg">world</div>

        <script type="text/javascript">

            alert("欢迎"+$("#msg").html());

        </script>

    </body>

</html>
```

该段代码的执行结果如图 2-4 所示。

图 2-4　执行结果 2

可以看到，修改后的代码执行正确，但在实际开发时，不同功能的代码分离，例如 HTML 代码块就放在 body 元素中，JavaScript 脚本代码块就放在<head></head>标签对中，这时，怎样才能既保证代码的规范，又能让代码正常执行呢？也就是说如何才能忽视代码书写的先后顺序，先解析 HTML 代码块，完成后再去解析 JavaScript 代码。

将上述代码中的 JavaScript 代码放到 window.onload 事件中，代码修改如下：

```html
<!doctype html>
<html>

    <head>

        <title>实例1</title>

        <script type="text/javascript" src="js/jquery-3.3.1.js"></script>

            <script type="text/javascript">

                    window.onload = function (){

                        alert("欢迎"+$("#msg").html());

                    }

            </script>

    </head>

    <body>

        <div id="msg">world</div>

    </body>

</html>
```

该段代码的执行结果如图 2-5 所示。

图 2-5　执行结果 3

从图中可以看到，修改后的代码执行结果正确。我们可以发现 JavaScirpt 代码放到 window.onload 事件后，能够实现先加载 HTML 代码，再运行 window.onload 事件中的 JavaScirpt 代码，即在加载完整页面后才会执行 JavaScirpt 代码，这样就可以避免文档没有完全加载完成就运行函数导致的操作失败。

JavaScript 有 window.onload 事件，jQuery 作为 JavaScript 的文件库，也有对应的替代方法，即文档就绪函数，jQuery 的文档就绪函数格式如下：

```
$(document).ready(function(){
// 执行代码
});
```

或者简写为：

```
$(function(){
// 执行代码
});
```

使用 jQuery 的文档就绪函数，怎样实现这种先加载文档，再执行操作的功能呢？修改上述实例的代码如下：

```
<!doctype html>
<html>
    <head>
        <title>实例1</title>
        <script type="text/javascript" src="js/jquery-3.3.1.js"></script>
            <script type="text/javascript">
                    $(document).ready(function(){
                        alert("欢迎"+$("#msg").html());
                    }
            </script>
    </head>
    <body>
        <div id="msg">world</div>
    </body>
</html>
```

该段代码的执行结果如图 2-6 所示。

图 2-6　执行结果 4

从图中可以看到，执行的效果正确，由此可知，JavaScript 的 window.onload = function(){//执行代码}和 jQuery 的文档就绪函数$(document).ready(function(){//执行代码})是等同的运行效果。但是二者也有不同，例如，二者的执行时机严格来说还是有差别的。下面通过表 2-1 简单介绍二者的区别。

表 2–1　window.onload 与$(document).ready()的区别

	window.onload	$(document).ready()
执行时机	必须等网页中所有内容加载完后（包括图片）才能执行	网页中所有 DOM 结构绘制完后就执行

续表

	window.onload	$(document).ready()
函数编写个数	不能编写多个，例如： window.onload=function(){}; window.onload=function(){}; 此时第二个覆盖第一个	能同时编写多个，例如： $(document).ready(function(){}); $(document).ready(function(){}); 两个函数都执行
简化写法	无	$( )

对二者区别的简单说明如下。

（1）在执行时机上，window.onload 表示页面所有内容全部加载完成后执行，$(document).ready() 表示页面所有 DOM 元素加载完成后执行。例如，有一个图片标签<img src="aa.jpg"/>，JavaScript 的 window.onload 要等 aa.jpg 整个图片加载完后才能执行注册事件中的函数，但是 jQuery 的文档就绪函数只需要等<img></img>标签对加载完成就可以执行了，也就是只需要解析到此处的页面控件是一个图片标签对即可，不用等图片显示完。

（2）函数编写个数主要体现为是覆盖还是追加。下面通过一个简单实例来对比。

先写一个 JavaScript 程序，里面有 window.onload 注册事件，分别打印不同的数据，代码如下：

```
<head>
        <base href="<%=basePath%>">
        <title>JavaScript 文档就绪函数</title>
        <script type="text/javascript" src="js/jquery-3.3.1.js"></script>
        <script type="text/javascript">
                window.onload=function(){
                    alert("aaa");
                };
                window.onload=function(){
                    alert("bbb");
                };
        </script>
    </head>
```

执行结果如图 2-7 所示。

图 2-7　JavaScript 文档就绪函数执行结果

代码执行后，首先弹出 bbb 提示框，并未弹出 aaa 提示框，说明 JavaScript 的 window.onload 不能编写多个函数，如果编写多个函数，后写的会覆盖前面的。

再看一下 jQuery 的文档就绪函数的效果，同样编写一个 jQuery 程序，里面包含两个文档就绪函数，分别打印不同的信息，代码如下：

```
<head>
        <base href="<%=basePath%>">
        <title>JavaScript 文档就绪函数</title>
        <script type="text/javascript" src="js/jquery-3.3.1.js"></script>
        <script type="text/javascript">
                $(document).ready(function(){
                    alert("aaa");
                });
                $(document).ready(function(){
                    alert("bbb");
                });
        </script>
</head>
```

执行结果如图 2-8 和图 2-9 所示。

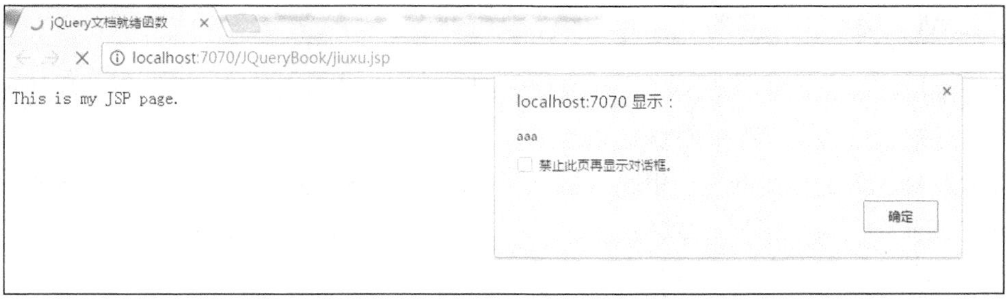

图 2-8　jQuery 文档就绪函数执行结果 1

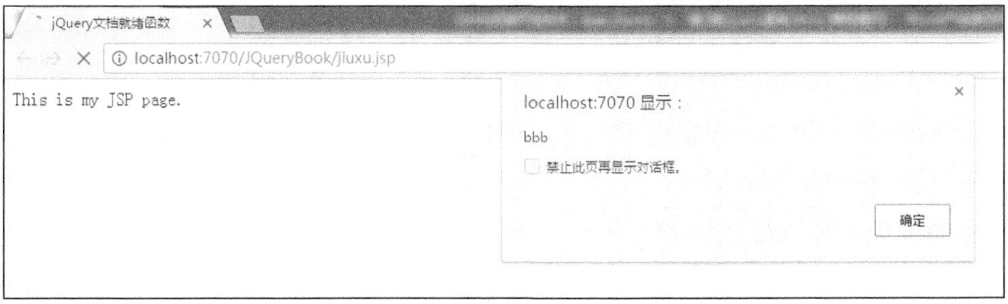

图 2-9　jQuery 文档就绪函数执行结果 2

　　根据执行结果可以看到，代码通过使用 jQuery 的文档就绪函数打印了两组数据，程序先打印了第一条数据 aaa，接着又打印了第二条数据 bbb，说明 jQuery 的文档就绪函数可以有多个。如果有多个文档就绪函数，那么执行顺序就是从第一条数据开始，逐条进行打印，不会像 window.onload 那样出现覆盖情况。

　　（3）简化写法属于语法规范。window.onload 没有简写形式；$(document).ready(function(){//执行代码})的简写形式为$(function(){//执行代码})，在开发中使用简写形式较多。

2.4　jQuery 对象与 DOM 对象

　　jQuery 库本质上还是 JavaScript 代码，它只是对 JavaScript 代码进行包装处理，是为了提供更方便快捷的 DOM 处理与开发中经常使用的功能。用 jQuery 的同时也能混合 JavaScript 原生代码一起使用。通过 jQuery 生成的 jQuery 对象是一个做了包装处理的对象，如果要用 jQuery 对象自己的方法，就需要满足这个对象是通过 jQuery 生成的这个条件。在很多场景中，我们需要 jQuery 对象与 DOM 对象能够相互转化，它们都是操作 DOM 元素，jQuery 是一个类数组对象，DOM 对象就是一个单独的 DOM 元素。下面具体来看 jQuery 对象、DOM 对象以及它们之间的相互转化。

2.4.1 jQuery 对象

jQuery 是对 JavaScript 的封装。很显然 jQuery 对象就是对 JavaScript 中 DOM 对象的封装。使用 jQuery 不需要写 document.getElementByID 这样的长单词，一个符号$就代替了。例如，获取 p 节点，可以写成：$("p")，这样获取到的对象就是 jQuery 对象。

2.4.2 DOM 对象

DOM 是 Document Object Model（文档对象模型）的首字母缩写。当一个网页创建并加载到 Web 浏览器中时，就会在幕后创建一个文档对象模型。

DOM 表示被加载到浏览器窗口里的当前页面：浏览器向我们提供了当前页面的模型，而我们可以通过 JavaScript 访问这个模型。DOM 把一个文档表示为一棵树，如图 2-10 和图 2-11 所示。

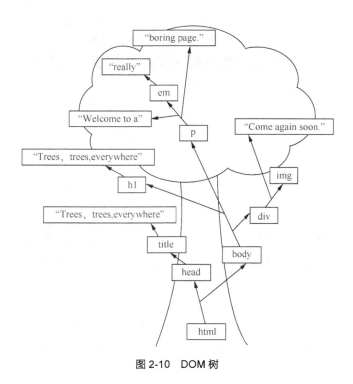

图 2-10   DOM 树

```
<html>
 <head>
  <title>Trees, trees, everywhere</title>
 </head>
 <body>
  <h1>Trees, trees, everywhere</h1>
  <p>Welcome to a <em>really</em> boring page.</p>
  <div>
    Come again soon.
    <img src="come-again.gif" />
  </div>
 </body>
```

图 2-11　代码描述 DOM 树

上面的 DOM 树中，p、div、em、h1 都是 DOM 元素节点，平常的开发中，做得最多的就是给某个元素添加样式，这就需要获取该元素。怎样获取呢？

JavaScript 提供了 getElementsById() 和 getElementsByTagName() 两个方法。

例如，要获取 p 元素节点，可以写成：document.getElementsByTagName("p");，通过这种方式获取到的节点 p 就是 DOM 对象。

2.4.3　jQuery 对象与 DOM 对象的相互转化

jQuery 对象和 DOM 对象都是获取到的页面节点对象，为什么还需要相互转化呢？原因是在 jQuery 对象中无法使用 DOM 对象的任何方法，如 $("p").innerHtml 是错误的，因为它的写法是 $("p").html()。同样，DOM 对象中也不能用 jQuery 对象中的方法，如 document.getElementsByTagName ("p").html() 是错误的。

接下来，首先看 jQuery 对象如何转化为 DOM 对象。jQuery 对象如果想要用 DOM 对象中的方法，就需要转化为 DOM 对象。jQuery 对象转化为 DOM 对象有两种方式，代码如下：

```
var $test = $("#test");
var test = $test[0];        //jQuery 对象是一个数组，可通过索引得到 DOM 对象
```

或：

```
var test = $test.get(0); //用 jQuery 提供的 get(index) 方法得到 DOM 对象
```

同理，DOM 对象如果想要用 jQuery 对象中的方法，DOM 对象就需要转化为 jQuery 对象。DOM 对象转化为 jQuery 对象代码如下：

```
var test = document.getElementById("p");
var $test = $(test); //用 jQuery 的工厂方法
```

jQuery 对象
与 DOM 对象
的相互转化

本章小结

　　本章主要介绍了 jQuery 开发中经常用到的基础知识，为后续内容的学习做准备。本章首先介绍了 jQuery 的基础语法格式，语法格式是使用 jQuery 进行开发的基本内容，是必须要掌握的重点知识；其次介绍了 jQuery 中的链式编程风格，以及链式编程的代码书写要求，同时讲解了 jQuery 中注释的使用；本章还介绍了 jQuery 中的文档就绪函数与 JavaScript 中的 window.onload 的区别；最后介绍了 jQuery 对象与 DOM 对象的相互转化，转换方式是重点内容。

习　　题

一、填空题

1. jQuery 中$(this).get(0)的作用和_____是等价的。

2. jQuery 是用_____语言编写的。

3. jQuery 的简写符号是_____。

二、简答题

1. 怎样使用 jQuery 文件库提供的 API？举例说明。

2. jQuery 中文档就绪函数$(document).ready()与 JavaScirpt 中 window.onload 事件的区别是什么？

3. jQuery 对象与 DOM 对象怎样相互转化？举例说明。

第 3 章　jQuery 选择器

学习目标

- 了解 jQuery 选择器的作用
- 了解 jQuery 选择器的优势
- 熟练掌握四大类基本选择器的分类和作用
- 熟练使用 jQuery 选择器

3.1　jQuery 选择器简介

本章将介绍 jQuery 选择器，首先介绍 jQuery 选择器的作用。在页面中为某个元素添加属性或事件时，必须先准确地找到该元素，jQuery 选择器就可以实现这一重要功能。选择器是 jQuery 的根基，在 jQuery 中，对事件处理、遍历 DOM 和 Ajax 操作都依赖于选择器。

3.1.1　JavaScript 选取元素

在学习 CSS 时，我们曾经接触过各种类型的样式选择器。例如，可以使用 id 选择器选定页面中特定元素并为其定义样式；可以使用类选择器为页面相同效果的对象定义公共样式；可以使用标签选择器为某一类型的元素定义样式。

JavaScript 选
取元素

在 JavaScript 中没有选择器这一概念，一般使用 getElementById() 和 getElememtsByTagName()等方法选择页面中某特定元素，以进行控制。下面通过实例 1 来看 JavaScript 是如何获取元素的。

实例 1：在 HTML 页面中，有一个包含"hello world!"文本的 div 元素，通过 JavaScript 动态将"hello world!"改为红色字体。

```
<!doctype html>
<html>
<head>
<meta charset="utf-8">
<title>无标题文档</title>
<script type="text/javascript">
    window.onload=function(){
        var divDom=document.getElementById("two");
        divDom.style.color="red";
    }
```

```
</script>
</head>
<body>
<div id="one" style="border:solid 1px black; height: 100px;width: 100px">
    hello world!
</div>
</body>
</html>
```

代码执行结果如图 3-1 所示。

图 3-1   实例 1 代码执行结果图 1

可以看到结果会报脚本执行错误。这是因为以上代码选取元素的时候，var divDom=document.getElementById("two");选取 id 为 two 的元素，页面中不存在 id 为 two 的元素，所以此句返回结果为 null，并且在 Console 报了脚本执行错误。所以在使用 JavaScript 选择元素时，先用一个 if 判断要选择的元素是否存在。以上代码可以改写成如下方式，这样 Console 就不会报错了。

```
<!doctype html>
<html>
<head>
<meta charset="utf-8">
<title>无标题文档</title>
<script type="text/javascript">
    window.onload=function(){
        if(document.getElementById("two"))
            {
                document.getElementById("two").style.color="red";
            }
    }
</script>
</head>

<body>
<div id="one" style="border:solid 1px black; height: 100px;width: 100px">
    hello world!
</div>
</body>
</html>
```

修改后的代码执行结果如图 3-2 所示，不会报脚本执行错误了。

图 3-2　实例 1 代码执行结果图 2

3.1.2　jQuery 获取元素

jQuery 获取元素用的是$()运算符，例如，获取某个 id 的对象用$("#one")。不论该 id 的元素存在与否，都会返回一个 jQuery 对象。这一点和 3.1.1 节讲到的 JavaScript 获取元素是完全不一样的。

jQuery 获取元素

一般情况下$()获取的是所有满足条件的元素，即得到的这个 jQuery 对象有一个属性 length，表示元素的个数，可能为 0，表示没有获取到元素。例如，当要获取的目标 id 不存在时，该值为 0。id 选择器是一个比较特殊的选择器，它只获取满足指定 id 的单个元素，如果 id 有多个，只返回第一个元素。

实例 2：使用 jQuery 实现实例 1。

```
<!doctype html>
<html>
<head>
<meta charset="utf-8">
<title>无标题文档</title>
<script src="jquery-3.3.1.js"></script>
    <script type="text/javascript">
    $(function(){
        $(function(){
            $("#two").css("color","red");
        });
    });
</script>
</head>
<body>
<div id="one" style="border:solid 1px black; height: 100px;width: 100px">
    hello world!
</div>
</body>
</html>
```

修改后的代码执行结果如图 3-3 所示，可以看到虽然不存在 id 为 two 的元素，但是不会报错。

33

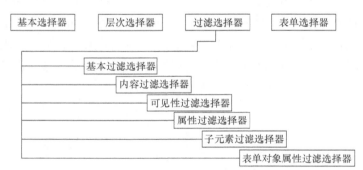

图 3-3　实例 2 代码执行结果图

3.1.3　jQuery 选择器的分类

jQuery 选择器的分类

　　jQuery 选择器严格遵循 CSS1 至 CSS3 选择器的规范和用法，所以精通 CSS 语法将更有利于我们学习 jQuery。jQuery 常用选择器可以分为四大类：基本选择器、层次选择器、过滤选择器、表单选择器，具体分类如图 3-4 所示。

```
基本选择器    层次选择器    过滤选择器    表单选择器

                        基本过滤选择器
                        内容过滤选择器
                        可见性过滤选择器
                        属性过滤选择器
                        子元素过滤选择器
                        表单对象属性过滤选择器
```

图 3-4　选择器的分类层次图

3.2　基本选择器

基本选择器

　　基本选择器是 jQuery 最常用的选择器，也是最简单的选择器，它通过元素 id、class 和元素名来查找 DOM 元素（在网页中 id 只能使用一次，class 允许重复使用）。所谓的网页中 id 只能使用一次的意思是指一个网页中的 id 是不可以重复的，也就是具有唯一性。基本选择器说明如表 3-1 所示。

表 3-1　基本选择器

选择器	示例	示例结果	说明
#id	$("#myDiv")	选择 id 为 myDiv 的元素	根据 id 值匹配特定元素
element	$("div")	选择所有的 div 元素	根据给定的元素名匹配所有元素
class	$(".myClass")	选择所有 class 属性为 myClass 的元素	根据给定的类匹配元素，与 CSS 中的类选择器对应

续表

选择器	示例	示例结果	说明
*	$("*")	选择所有的元素	匹配所有元素
selector1, selector2, …, selectorN	$("div,span,p.myClass")	选择所有 div 元素，span 元素和 class 属性为 myClass 的 p 元素	将每一个选择器匹配元素合并后一起返回

下面通过实例 3 来熟悉基本选择器的使用。

实例 3：在一个 HTML 页面中，添加了 3 个 div 元素，它们分别加了 id、class 属性和未加任何属性，然后添加了 5 个 button 元素，分别演示表 3-1 所示的基本选择器的使用。

```
<!doctype html>
<html>
<head>
<meta charset="utf-8">
<title>基本选择器</title>
<style type="text/css">
    body{
        text-align:center;
    }
    div{
        width: 100px;
        height: 100px;
        border:solid 2px #050505;
        margin: 10px;
        float: left;
    }
</style>
<script src="jquery-3.3.1.js"></script>
<script type="text/javascript">
    $(function(){
        $("#refreBtn").click(function(){
            window.location.reload();
        });

        $("#eleBtn").click(function(){
            $("div").css("backgroundColor","red");
        });
        $("#clsBtn").click(function(){
            $(".clsTwo").css("backgroundColor","red");
        });
        $("#selBtn").click(function(){
            $("#idOne,.clsTwo").css("backgroundColor","red");
        });
        $("#IDBtn").click(function(){
            $("#idOne").css("backgroundColor","red");
        });
    });
</script>
</head>
```

35

```
<body>
<div id="idOne">id=idOne</div>
<div class="clsTwo">class=clsTwo</div>
<div></div>
<button id="IDBtn">改变 id 为 idOne 的元素的背景色为红色</button><br/>
<button id="eleBtn">改变所有 div 元素的背景色为红色</button><br/>
<button id="clsBtn">改变 class 为 clsTwo 的元素的背景色为红色</button><br/>
<button id="selBtn">改变 id 为 idOne 和 class 属性为 clsTwo 的元素的背景色为红色
</button><br/><br/>
<button id="refreBtn">刷新页面</button>
</body>
</html>
```

实例 3 的执行结果如图 3-5～图 3-8 所示。

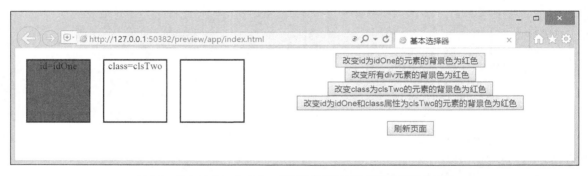

图 3-5　单击"改变 id 为 idOne 的元素的背景色为红色"按钮的效果图

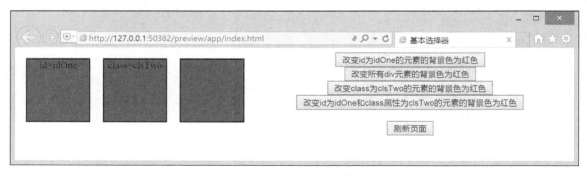

图 3-6　单击"改变所有 div 元素的背景色为红色"按钮的效果图

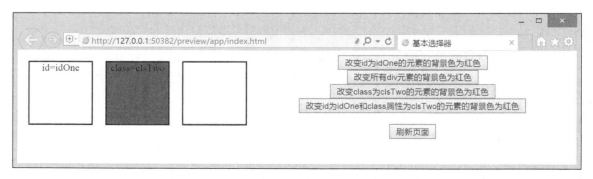

图 3-7　单击"改变 class 为 clsTwo 的元素的背景色为红色"按钮的效果图

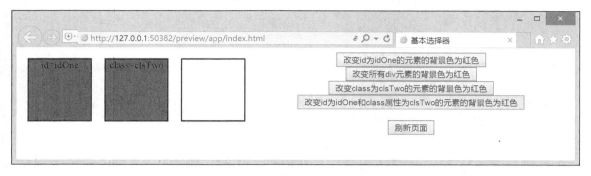

图 3-8　单击"改变 id 为 idOne 和 class 属性为 clsTwo 的元素的背景色为红色"按钮的效果图

这里需要注意：除了#id 选择器返回单个元素外，其他选择器返回的都是元素集合。因为 HTML 规范里面 id 应该是唯一的，所以重复 id 的元素没有被考虑。如果多个元素的 id 相同，也只能获取第一个元素，即获取的 jQuery 对象 length 属性是 1。

如果要匹配的元素不存在，则返回一个空的 jQuery 对象。基本选择器之间可以组合，用逗号分隔，结果取所有结果的并集。当没有用逗号分隔时，应该是所有条件都满足的交集。

3.3　层次选择器

如果想通过 DOM 元素之间的层次关系来获取特定元素，如后代元素、子元素、相邻元素、兄弟元素等，则需要使用层次选择器，如表 3-2 所示。

表 3–2　层次选择器

选择器	示例	示例结果	说明
$("ancestor descendant")	$("div p")	选择 div 元素里所有的 p 元素	选取 ancestor 元素里的所有 descendant 后代元素，包括直接子元素和更深嵌套的后代元素
$("parent > child")	$(" div > p")	选择 div 元素中元素名为 p 的子元素	在给定的父元素下匹配所有的子元素，注意与 $("ancestor descendant") 的区别，$("ancestor descendant")选择是后代元素
$("prev + next")	$(".one + div")	选择 class 为 one 的元素后的下一个 div 元素	匹配所有紧接在 prev 元素后的 next 元素
$("prev ~ siblings")	$("#two~div")	选择 id 为 two 的元素后面的所有兄弟 div 的元素	匹配 prev 元素之后的所有 siblings 元素

下面通过实例 4 来熟悉层次选择器的使用。

实例 4：在一个 HTML 页面中，加入多个嵌套的 div 元素，下面分别来演示表 3-2 所示的层次选择器的使用。

```
<!doctype html>
<html>
<head>
<meta charset="utf-8">
<title>层次选择器</title>
<style type="text/css">
    body{font-size:12px;text-align:center}
```

```
            div{
                border: solid 1px black;
                float: left;
                margin: 10px;
            }
        </style>
        <script src="jquery-3.3.1.js"></script>
        <script type="text/javascript">
            $(function(){
                $("#andeBtn").click(function(){
                    $("#divOne div").css("backgroundColor","red");
                });
                $("#pcBtn").click(function(){
                    $("#divOne>div").css("backgroundColor","red");
                });
                $("#nextBtn").click(function(){
                    $("#divOne+div").css("backgroundColor","red");
                });
                $("#siblingsBtn").click(function(){
                    $("#divOne~div").css("backgroundColor","red");
                });

                $("#refreBtn").click(function(){
                    window.location.reload();
                });
            });
        </script>
    </head>

    <body>
    <div id="divOne" style="height:200px;width:200px">
        父元素 One
        <div style="height: 150px;width:150px">
            One 的子元素，也是后代元素
            <div style="height: 50px;width:50px">
                One 的后代元素
            </div>
        </div>
    </div>
    <div style="height:200px;width:200px">
        <div style="height:100px;width:100px"></div>
    </div>
    <div style="height:200px;width:200px">
    </div>
    <button id="andeBtn">选择 id 为 divOne 的元素里的所有后代 div 元素</button><br/>
    <button id="pcBtn">选择 id 为 divOne 的元素里的所有子元素 div 元素</button><br/>
    <button id="nextBtn">选择 id 为 divOne 的元素后紧接的 div 元素</button><br/>
    <button id="siblingsBtn">选择 id 为 divOne 的元素后所有兄弟元素 div</button><br/>
    <button id="refreBtn">刷新页面</button>
    </body>
    </html>
```

实例 4 的执行结果如图 3-9~图 3-12 所示。

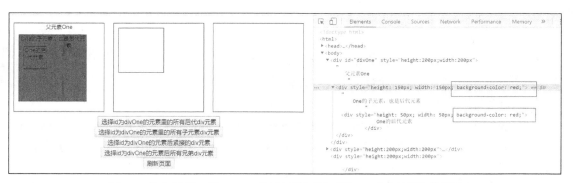

图 3-9　单击"选择 id 为 divOne 的元素里的所有后代 div 元素"按钮的效果图

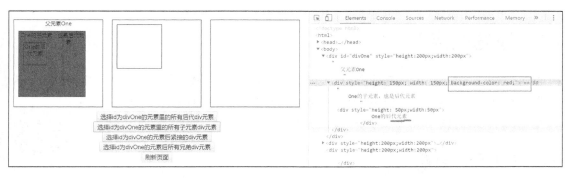

图 3-10　单击"选择 id 为 divOne 的元素里的所有子元素 div 元素"按钮的效果图

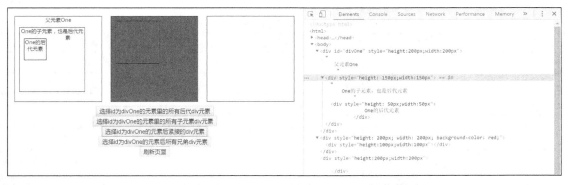

图 3-11　单击"选择 id 为 divOne 的元素后紧接的 div 元素"按钮的效果图

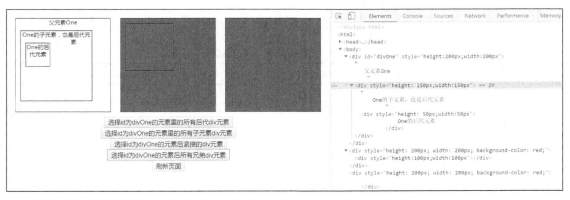

图 3-12　单击"选择 id 为 divOne 的元素后所有兄弟 div 元素"按钮的效果图

需要注意的问题如下。

（1）后代元素与子元素的区别

① 后代元素：包括直接子元素和更深嵌套的后代元素。

② 子元素：指的是直接子元素，不包括更深层嵌套的后代元素。

（2）等价方法

① $("prev+next")等价于方法$("prev").next("next")，选取 prev 元素之后紧接着的一个 next 元素。

② $("prev~sublings")等价于方法$("prev").nextAll("siblings")，选取 prev 元素之后的所有同级的同辈元素。

③ $("prev"). siblings("next")方法与前后位置无关，只要是同辈节点就可以选取。

3.4　过滤选择器

过滤选择器主要是通过特定的过滤规则来筛选出所需的 DOM 元素，该选择器都以 ":" 开头。

按照不同的过滤规则，过滤选择器又可分为基本过滤、内容过滤、可见性过滤、属性过滤、子元素过滤和表单对象属性过滤选择器。

基本过滤选择器

3.4.1　基本过滤选择器

基本过滤选择器如表 3-3 所示。

表 3-3　基本过滤选择器

选择器	示例	示例结果	说明
:first	$("tr:first")	选择所有 tr 元素中第一个 tr 元素	匹配找到的第一个元素
:last	$("tr:last")	选择所有 tr 元素中最后一个 tr 元素	匹配找到的最后一个元素
:not(selector)	$("input:not(:checked)")	选择没有被选中的 input 元素	去除所有与给定选择器匹配的元素
:even	$("tr:even")	选择索引为偶数的 tr 元素	匹配所有索引值为偶数的元素，从 0 开始计数
:odd	$("tr:odd")	选择索引为奇数的 tr 元素	匹配所有索引值为奇数的元素，从 0 开始计数
:eq(index)	$("tr:eq(0)")	选择索引值为 0 的 tr 元素	匹配一个给定索引值的元素
:gt(index)	$("tr:gt(0)")	选择索引值大于 0 的 tr 元素	匹配所有大于给定索引值的元素
:lt(index)	$("tr:lt(2)")	选择索引值小于 2 的元素	匹配所有小于给定索引值的元素
:header	$(":header")	选取网页中所有的 h1、h2、h3 等	匹配如 h1、h2、h3 之类的标题元素
:animated	$("div:animated ")	选择正在执行动画的 div 元素	匹配所有正在执行动画效果的元素

表 3-3 选择器返回结果除了:first、:last、:eq(index)返回结果为单个元素，其他的返回结果均为集合元素。下面通过实例 5 来熟悉基本过滤选择器的使用。

实例 5：页面中添加了多个 h 元素和 li 元素，通过对这些元素背景色的设置来了解基本过滤选择器的使用。

```
<!doctype html>
<html>
```

```
<head>
<meta charset="utf-8">
<title>基本过滤选择器</title>
<style type="text/css">
    li{
        width: 50px;
        height: 20px;
        margin: 10px;
    }
</style>
<script src="jquery-3.3.1.js"></script>
<script type="text/javascript">
    $(function(){

        $("#firstBtn").click(function(){
            $("li:first").css("backgroundColor","red");
        });
        $("#lastBtn").click(function(){
            $("li:last").css("backgroundColor","red");
        });
        $("#notSelBtn").click(function(){
            $("li:not(.three)").css("backgroundColor","red");
        });
        $("#evenBtn").click(function(){
            $("li:even").css("backgroundColor","red");
        });
        $("#oddBtn").click(function(){
            $("li:odd").css("backgroundColor","red");
        });
        $("#indexBtn").click(function(){
            $("li:eq(3)").css("backgroundColor","red");
        });
        $("#gtBtn").click(function(){
            $("li:gt(3)").css("backgroundColor","red");
        });
        $("#hBtn").click(function(){
            $(":header").css("backgroundColor","red");
        });
        $("#refreBtn").click(function(){
            window.location.reload();
        });
    });
</script>
</head>
<body>
<h1>过滤选择器</h1>
<h2>基本过滤选择器</h2>
<ul>
    <li>第 0 项</li>
    <li>第 1 项</li>
    <li>第 2 项</li>
```

```
        <li class="three">第 3 项</li>
        <li>第 4 项</li>
</ul>
<button id="firstBtn">选择第一个 li 标签</button>
<button id="lastBtn">选择最后一个 li 标签</button>
<button id="notSelBtn">选择除 class 属性为 three 的所有 li 标签</button><br/>
<button id="evenBtn">选择索引为偶数的 li 标签</button>
<button id="oddBtn">选择索引为奇数的 li 标签</button>
<button id="indexBtn">选择索引值为 3 的 li 标签</button>
<button id="gtBtn">选择索引值大于 3 的 li 标签</button>
<button id="hBtn">选择网页中所有的 h 标签</button><br/><br/>
<button id="refreBtn">刷新页面</button>
</body>
</html>
```

代码执行结果如图 3-13～图 3-20 所示。下面展示的结果是按照 button 元素的顺序进行的。

图 3-13　单击第一个按钮效果

图 3-14　单击第二个按钮效果

图 3-15　单击第三个按钮效果

图 3-16　单击第四个按钮效果

图 3-17　单击第五个按钮效果

图 3-18　单击第六个按钮效果

图 3-19　单击第七个按钮效果

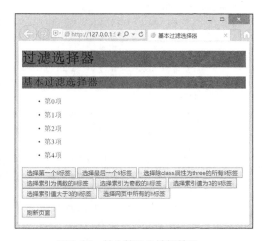

图 3-20　单击第八个按钮效果

3.4.2　内容过滤选择器

内容过滤

择器

内容过滤选择器的过滤规则主要体现在它所包含的子元素和文本内容上。具体选择器的使用如表 3-4 所示。注意，表 3-4 所示选择器返回结果均为集合元素，表中就不一一提示了。

表 3-4　内容过滤选择器

选择器	示例	示例结果	说明
:contains(text)	$("div:contains('world')")	选择含有文本 world 的 div 元素	匹配包含给定文本的元素
:empty	$("div:empty")	选择不包含子元素（或者文本元素）的 div 空元素	匹配所有不包含子元素或者文本的空元素
:has(selector)	$("div:has('.mini')")	选取含有 class 为 mini 元素的 div 元素	匹配含有选择器所匹配的元素的元素
:parent	$("div:parent")	选择含有子元素（或者文本元素）的 div 元素	匹配含有子元素或者文本的元素

实例 6：页面中添加了多个 div 元素，通过对这些元素背景色的设置来了解内容过滤选择器的使用。

43

```html
<!doctype html>
<html>
<head>
<meta charset="utf-8">
<title>内容过滤选择器</title>
<style type="text/css">
    body{font-size:12px;text-align:center}
    div{
        border: solid 1px black;
        float: left;
        margin: 10px;
    }
</style>
<script src="jquery-3.3.1.js"></script>
<script type="text/javascript">
    $(function(){
        $("#firstBtn").click(function(){
            $("div:contains('world')").css("backgroundColor","red");
        });
        $("#secondBtn").click(function(){
            $("div:empty").css("backgroundColor","red");
        });
        $("#thirdBtn").click(function(){
            $("div:has('.mini')").css("backgroundColor","red");
        });
        $("#fourthBtn").click(function(){
            $("div:parent").css("backgroundColor","red");
        });
        $("#refreBtn").click(function(){
            window.location.reload();
        });
    });
    </script>
</head>

<body>
<div style="width: 100px;height: 100px">hello world!</div>
<div style="width: 100px;height: 100px" class="mini"></div>
<div style="height: 100px;height: 100px"><div style="height: 70px;width: 70px"
class="mini">class="mini"</div></div>

<button id="firstBtn">选择含有文本"world"的 div 元素</button><br/>
<button id="secondBtn">选择不包含子元素(或者文本元素)的 div 空元素</button><br/>
<button id="thirdBtn">选取含有 class 为 mini 元素的 div 元素</button><br/>
<button id="fourthBtn">选择含有子元素(或者文本元素)的 div 元素</button><br/>
<button id="refreBtn">刷新页面</button>
</body>
</html>
```

代码执行结果如图 3-21～图 3-24 所示。下面展示的结果是按照 button 元素的顺序进行的。

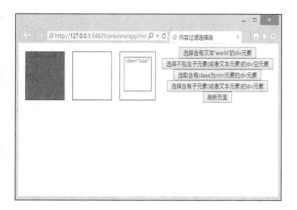

图 3-21　单击第一个按钮效果

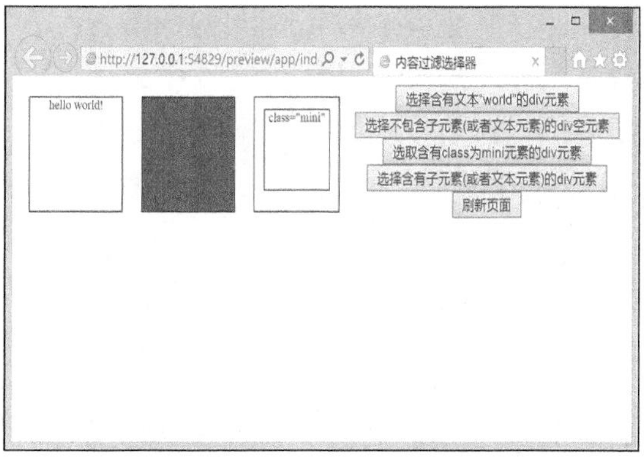

图 3-22　单击第二个按钮效果

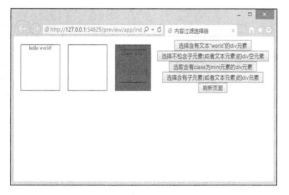

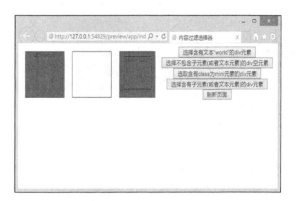

图 3-23　单击第三个按钮效果

图 3-24　单击第四个按钮效果

3.4.3　可见性过滤选择器

可见性过滤
选择器

表 3-5 所示为常见的可见性过滤选择器。

表 3–5　可见性过滤选择器

选择器	示例	示例结果	说明
:hidden	$('div:hidden')	选择所有不可见的 div 元素	匹配所有的不可见元素
:visible	$('div:visible')	选择所有可见的 div 元素	匹配所有的可见元素

实例 7：页面中添加了两个 div 元素，其中一个设置为隐藏，通过对这些元素背景色的设置来了解可见性过滤选择器的使用。

```
<!doctype html>
<html>
<head>
<meta charset="utf-8">
<title>可见性过滤选择器</title>
<style type="text/css">
<style type="text/css">
    body{font-size:12px;text-align:center}
```

```
        div{
            border: solid 1px black;
            float: left;
            margin: 10px;
        }
    </style>
    <script src="jquery-3.3.1.js"></script>
    <script type="text/javascript">
        $(function(){

            $("#firstBtn").click(function(){
                $("div:hidden").show(3000).css("backgroundColor","red");
            });
            $("#secondBtn").click(function(){
                $("div:visible").css("backgroundColor","red");
            });
            $("#refreBtn").click(function(){
                window.location.reload();
            });
        });
    </script>
    </head>

<body>
<div style="width: 100px;height: 100px">hello world!</div>
<div style="width: 100px;height: 100px;display:none"></div>


<button id="firstBtn">选取所有不可见的元素,show() 方法将它们显示出来</button><br/>
<button id="secondBtn">选择所有可见的div元素</button><br/>

<button id="refreBtn">刷新页面</button>
</body>
</html>
```

代码执行结果如图 3-25～图 3-27 所示。下面展示的结果是按照 button 元素的顺序进行的。

图 3-25　页面初始效果

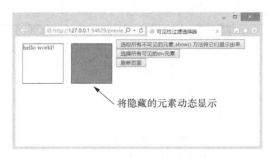

图 3-26　单击第一个按钮效果

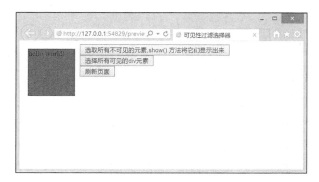

图 3-27　单击第二个按钮效果

属性过滤
选择器

3.4.4　属性过滤选择器

属性过滤选择器的过滤规则是通过元素的属性来获取相应的元素（见表 3-6）。

表 3–6　属性过滤选择器

选择器	示例	示例结果	说明
[attribute]	$("div[id]")	选择所有含有 id 属性的 div 元素	匹配包含给定属性的元素
[attribute=value]	$("div[title= 'world']")	选择属性 title 为 world 的 div 元素	匹配给定的属性是某个特定值的元素
[attribute!=value]	$("div[title!='world'] ")	选择属性 title 不为 world 的 div 元素，包含没有属性 title 的 div 元素	匹配给定的属性不包含某个特定值的元素
[attribute^=value]	$("div[title^='w'] ")	选择属性 title 以 w 开始的 div 元素	匹配给定的属性是以某些值开始的元素
[attribute$=value]	$("div[title$='d']")	选择属性 title 以 d 结束的 div 元素	匹配给定的属性是以某些值结尾的元素
[attribute*=value]	$("div[title*='world']")	选取属性 title 含有 world 的 div 元素	匹配给定的属性是否包含某些值的元素
[attributeFilter1][attributeFilter2] [attributeFilterN]	$("div[id][title*='world']")	选择含有 id 属性并且 title 含有 world 的 div 元素	复合属性选择器，需要同时满足多个条件时使用，每选择一次缩小一次范围

实例 8：页面中添加了多个 div 元素，通过对这些元素背景色的设置来了解属性过滤选择器的使用。

```
<!doctype html>
<html>
<head>
<meta charset="utf-8">
<title>属性过滤选择器</title>
<style type="text/css">
    body{font-size:12px;text-align:center}
    div{
        border: solid 1px black;
        float: left;
        margin: 10px;
    }
```

47

```
    </style>
    <script src="jquery-3.3.1.js"></script>
    <script type="text/javascript">
        $(function(){
            $("#firstBtn").click(function(){
                $("div[title]").css("backgroundColor","red");
            });
            $("#secondBtn").click(function(){
                $("div[title='hello world!']").css("backgroundColor","red");
            });
            $("#thirdBtn").click(function(){
                $("div[title!='hello world!']").css("backgroundColor","red");
            });
            $("#fourthBtn").click(function(){
                $("div[title^='h']").css("backgroundColor","red");
            });
            $("#fifthBtn").click(function(){
                $("div[title$='t']").css("backgroundColor","red");
            });
            $("#sixthBtn").click(function(){
                $("div[title*='world']").css("backgroundColor","red");
            });
            $("#seventhBtn").click(function(){
                $("div[id][title*='test']").css("backgroundColor","red");
            });
            $("#refreBtn").click(function(){
                window.location.reload();
            });
        });
    </script>
    </head>

    <body>
    <div title="hello world!" style="width: 120px;height: 150px">title="hello world!
    "</div>
    <div title="test" id="tt" style="width: 120px;height: 150px">title="test"和id="tt"</div>
    <div style="width: 120px;height: 150px">无title 属性</div>


    <button id="firstBtn">选择所有含有title 属性的div 元素</button><br/>
    <button id="secondBtn">选择属性title 为"hello world!"的div 元素</button><br/>
    <button id="thirdBtn">选择属性title 不为"hello world!"的div 元素</button><br/>
    <button id="fourthBtn">选择属性title 以"h"开始的div 元素</button><br/>
    <button id="fifthBtn">选择属性title 以"t"结束的div 元素</button><br/>
    <button id="sixthBtn">选取属性title 含有"world"的div 元素</button><br/>
    <button id="seventhBtn">选择含有id 属性并且title 含有"test"的div 元素</button><br/>
    <button id="refreBtn">刷新页面</button>
    </body>
    </html>
```

代码执行结果如图 3-28～图 3-34 所示。下面展示的结果是按照 button 元素的顺序进行的。

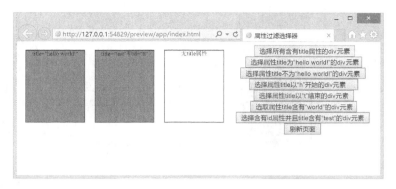

图 3-28　单击第一个按钮效果

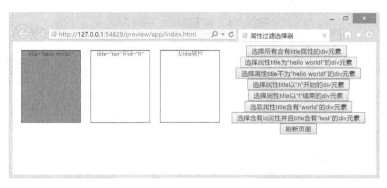

图 3-29　单击第二个按钮效果

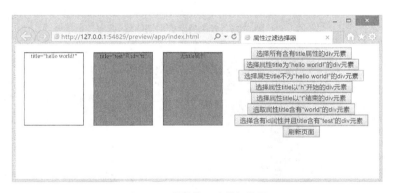

图 3-30　单击第三个按钮效果

图 3-31　单击第四个按钮效果

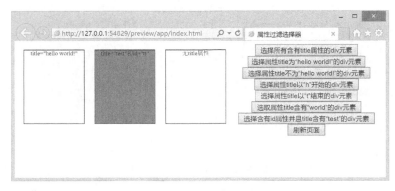

图 3-32　单击第五个按钮效果

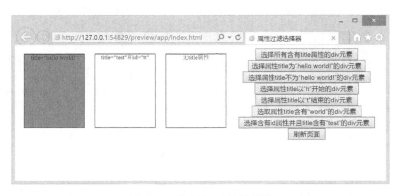

图 3-33　单击第六个按钮效果

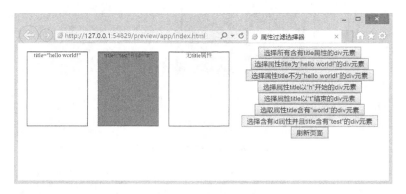

图 3-34　单击第七个按钮效果

属性过滤是用方括号来标识的。注意，多个属性过滤选择器连在一起的时候，取的是结果的交集。

3.4.5　子元素过滤选择器

表 3-7 所示为常见的子元素过滤选择器。

子元素过滤
选择器

表 3-7　子元素过滤选择器

选择器	示例	示例结果	说明
:nth-child(index/even/odd/ equation)	$("div:nth-child(2) ")	选择所有 div 元素，且此元素为其父元素下的第二个子元素	匹配每个父元素下的第 n 个子元素或偶（奇）元素，注意，这里的 index 从 1 开始，不是 0
:first-child	$("div:first-child ")	选择所有 div 元素，且此元素为其父元素下的第一个子元素	匹配每个父元素下的第一个子元素
:last-child	$("div:last-child")	选择所有 div 元素，且此元素为其父元素下的最后一个子元素	匹配每个父元素中的最后一个子元素
:only-child	$("div:only-child")	选择所有 div 元素，且此元素为其父元素下的唯一子元素	如果某个元素是父元素中唯一的子元素，那将会被匹配

实例 9：页面中添加了多个 div 元素，通过对这些元素背景色的设置来了解子元素过滤选择器的使用。

```html
<!doctype html>
<html>
<head>
<meta charset="utf-8">
<title>子元素过滤选择器</title>
<style type="text/css">
    body{font-size:12px;text-align:center}
    div{
        border: solid 1px black;
        float: left;
        margin: 10px;
        height: 200px;
        width: 200px;
    }
</style>
<script src="jquery-3.3.1.js"></script>
<script type="text/javascript">
    $(function(){
        $("#firstBtn").click(function(){
            $("div:nth-child(2)").css("backgroundColor","red");
        });
        $("#secondBtn").click(function(){
            $("div:first-child").css("backgroundColor","red");
        });
        $("#thirdBtn").click(function(){
            $("div[class!='one']:last-child").css("backgroundColor","red");
        });
        $("#fourthBtn").click(function(){
            $("div:only-child").css("backgroundColor","red");
        });
        $("#refreBtn").click(function(){
            window.location.reload();
        });

    });
</script>
</head>
```

51

```
<body>
<div class="one">
    class=one
    <div class="two" style="height: 70px;width:70px">
        class="two"
    </div>
    <div class="three" style="height: 70px;width: 70px">
    </div>
</div>

<div class="one">
    class=one
    <div class="two" style="height: 70px;width: 70px">
    class="two"
    </div>
</div>
<button id="firstBtn">选择所有 div 元素，且此元素为其父元素下的第二个子元素</button><br/>
<button id="secondBtn">选择所有 div 元素，且此元素为其父元素下的第一个子元素</button><br/>
<button id="thirdBtn">选择所有 class 属性不等于 one 的 div，且此元素为其父元素下的最后一个子
元素</button><br/>
<button id="fourthBtn">选择所有 div 元素，且此元素为其父元素下的唯一子元素</button><br/>
<button id="refreBtn">刷新页面</button>
</body>
</html>
```

代码执行结果如图 3-35～图 3-38 所示。

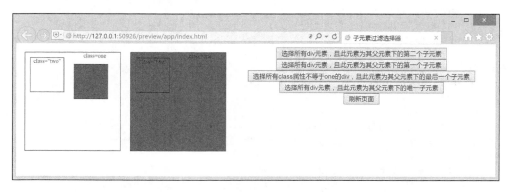

图 3-35　单击第一个按钮效果

图 3-36　单击第二个按钮效果

图 3-37　单击第三个按钮效果

图 3-38　单击第四个按钮效果

这里需要注意，nth-child()选择器详解如下。

（1）:nth-child(even/odd)：能选取每个父元素下的索引值为偶（奇）数的元素（隔行变色效果）。

（2）:nth-child(2)：能选取每个父元素下的索引值为 2 的元素。

（3）:nth-child(3n)：能选取每个父元素下的索引值是 3 的倍数的元素。

（4）:nth-child(3n+1)：能选取每个父元素下的索引值是 3n+1 的元素。

3.4.6　表单对象属性过滤选择器

表单对象属性过滤选择器主要对所选择的表单元素进行过滤，详细说明如表 3-8 所示。

表单对象属性
过滤选择器

表 3–8　表单对象属性过滤选择器

选择器	示例	示例结果	说明
:enabled	$("input:enabled")	选择表单内所有可用的 input 元素	匹配所有可用元素
:disabled	$("input:disabled")	选择表单内所有不可用的 input 元素	匹配所有不可用元素
:checked	$("input:checked")	选择所有选中的 input 元素	匹配所有选中的元素（复选框、单选框等）
:selected	$("select option:selected")	选择 select 中所有被选中的 option 元素	匹配所有被选中的选项元素（主要是下拉列表框）

表单对象属性过滤选择器在这里就不举例说明了，可以参看实例 10 来熟悉表单对象属性过滤选择器的使用。

53

3.5 表单选择器

表单选择器

无论是提交还是传递数据，表单在页面中的作用是显而易见的。通过表单进行数据的提交或处理，在 Web 前端页面开发中占据着重要地位。因此，为了使用户能更加方便、高效地使用表单，在 jQuery 选择器中引入了表单选择器，该选择器专为表单量身打造，通过它可以在页面中快速定位某表单对象。其详细说明如表 3-9 所示。

表 3-9　表单选择器

选择器	示例	示例结果	说明
:input	$(":input")	选择所有 input 元素	选择表单中所有 input、textarea、select、button 元素
:text	$(":text")	选择所有单行文本框	选择所有单行文本框
:password	$(":password")	获取所有密码框	匹配所有密码框
:radio	$(":radio")	获取所有单选按钮	匹配所有单选按钮
:checkbox	$(":checkbox")	选择所有复选框	匹配所有复选框
:submit	$(":submit")	获取所有提交按钮	匹配所有提交按钮
:image	$(":image")	选择所有图像域	匹配所有图像域
:reset	$(":reset")	选择所有重置按钮	匹配所有重置按钮
:button	$(":button")	选择所有按钮	匹配所有按钮，包括直接写的元素 button
:file	$(":file")	选择所有文件域	匹配所有文件域
:hidden	$("input:hidden")	选择所有不可见的 input 元素	匹配所有不可见元素，或者 type 为 hidden 的元素。这个选择器不仅限于表单，除了匹配 input 中的 hidden 外，style 为 hidden 的也会被匹配

实例 10：完成图 3-39 所示页面效果，单击"提交查询内容"按钮后，弹出表单元素信息。

图 3-39　表单页面

```
<!doctype html>
<html>
<head>
<meta charset="utf-8">
<title>表单选择器</title>
```

```
<script src="jquery-3.3.1.js"></script>
<script type="text/javascript">
    $(function(){
            $(":text").attr("value","文本框"); //给文本框添加文本
            $(":password").attr("value","密码框"); //给密码框添加文本
            $(":radio:eq(1)").attr("checked","true");//将第 2 个单选按钮设置为选中
            $(":checkbox").attr("checked","true"); //将复选框全部选中
            $(":image").attr("src","imgs/3_small.jpg"); //给图像指定路径
            $(":file").css("width","200px");      //给文件域设置宽度
            $(":hidden").attr("value","隐藏域的值");//给隐藏域添加文本
            $("select").css("background","#FCF");//给下拉列表设置背景色
            $(":submit").attr("id","btn1"); //给提交按钮添加 id 属性
            $(":reset").attr("name","btn"); //给重置按钮添加 name 属性
            $("textarea").text("文本区域");//给文本区域添加文字
    });

    function submitBtn(){
            //下面两个语句用来获取复选框选中的所有值
             var checkbox = "";
            $(":checkbox[name='hate'][checked]").each(function(){
                checkbox += $(this).val() + " ";
             });
            alert($(":text").val()+"\n"
               +$(":password").val()+"\n"
               +$(":radio[name='habbit'][checked]").val()+"\n"
               +checkbox+"\n"
               +$(":file").val()+"\n" //获得所选文件的绝对路径
               +$(":hidden[name='hiddenarea']").val()+"\n"
               +$("select[name='selectlist'] option[selected]").val()+"\n"
               +$("textarea").text()+"\n"
    )};
</script>
</head>

<body>
  <table width="730" height="145" border="1">
    <tr>
      <td width="113" height="23">文本框</td>
      <td width="209"><input type="text"/></td>
      <td width="93">密码框</td>
      <td width="287"><input type="password" /></td>
    </tr>
    <tr>
      <td height="24">单选按钮</td>
      <td><input type="radio" name="habbit" value="是"/>
        是
        <input type="radio" name="habbit" value="否"/>
        否 </td>
      <td>复选框</td>
      <td><input type="checkbox" name="hate" value="水果"/>
        水果
```

```
          <input type="checkbox" name="hate" value="蔬菜"/>
          蔬菜 </td>
       </tr>
       <tr>
         <td height="50">图像</td>
         <td><input type="image" width="50" height="50"/></td>
         <td>文件域</td>
         <td><input type="file" /></td>
       </tr>
       <tr>
         <td height="23">隐藏域</td>
         <td><input type="hidden" name="hiddenarea"/>
           （不可见）</td>
         <td>下拉列表</td>
         <td><select name="selectlist">
            <option selected value="选项一">选项一</option>
            <option value="选项二" >选项二</option>
            <option value="选项三">选项三</option>
          </select></td>
       </tr>
       <tr>
         <td height="25">提交按钮</td>
         <td><input type="submit" onclick="submitBtn()"/></td>
         <td>重置按钮</td>
         <td><input type="reset" /></td>
       </tr>
       <tr>
         <td valign="top">文本区域: </td>
         <td colspan="3"><textarea cols="70" rows="3"></textarea></td>
       </tr>
     </table>
</body>
</html>
```

实例 10 代码执行结果如图 3-40 所示，单击"提交查询内容"按钮，弹出提示框。

图 3-40 表单页面

最后需要强调一下：使用各种 jQuery 选择器所返回的对象为 jQuery 对象，这个 jQuery 对象为一个集合对象，即使返回的元素仅有一个也属于集合，因此不能直接调用 DOM 定义的方法。

本章小结

本章主要介绍了 jQuery 选择器，jQuery 选择器可以分为四大类：基本选择器、层次选择器、过滤选择器、表单选择器。选择器是 jQuery 的基础，对网页元素的操作需要通过选择器将指定元素选择出来。所以要求读者必须掌握本章内容并且能够灵活使用。

习　　题

一、简答题

1. 使用 jQuery 选取页面元素与 JavaScript 选取页面元素相比较，有什么优点？
2. jQuery 选择器包含哪几大类？

二、编程题

1. 实现选择列表下的第二个 li 标记，如图 3-41 所示。

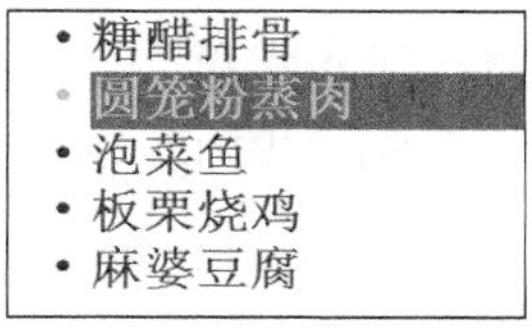

图 3-41　第 1 题实现效果

2. 操作复选框，输出选中的复选框的个数，如图 3-42 所示。

图 3-42　第 2 题实现效果

3. 实现一个表格隔行变色的效果，分别使用 JavaScript 和 jQuery 两种方式实现。
4. 实现一个图 3-43 所示的可伸缩的导航条效果。

图 3-43　第 4 题实现效果

04

第 4 章　jQuery 操作 DOM

4.1　jQuery 操作 DOM 简介

jQuery 操作
DOM 简介

第 3 章介绍了 jQuery 选择器，用起来既简单又便捷，但用 jQuery 选择器获取到网页中的元素（DOM 节点）后，到底要做什么呢？答案是要操作对应的 DOM 节点，这也就是本章要重点介绍的内容——jQuery 操作 DOM。

既然讲到 jQuery 操作 DOM，先回顾 DOM 的含义，DOM 其实就是一棵"树"，如图 4-1 所示。

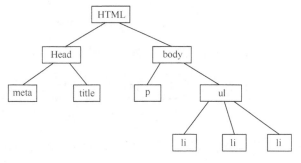

图 4-1　DOM 树

jQuery 操作 DOM 主要是针对类似图 4-1 这样结构的树进行操作，这里可以把 jQuery 中的 DOM 操作分为新建、添加、删除、修改、查找这几种，类似于数据库操作。接下来讲到的 jQuery 操作 DOM 节点将围绕图 4-1 所示的 DOM 树进行。

除了上述 jQuery 对 DOM 节点的增删改查操作，还有其他的一些操作，包括属性操作、样式操作、设置和获取元素（HTML、文本和值）、遍历节点等。

4.2　jQuery 操作 DOM 节点

下面介绍 jQuery 操作 DOM 节点：新建、添加、删除、修改、查找，以及它们的操作方法。

4.2.1　新建

jQuery 用工厂函数$()来获取或创建节点，有以下三种方式。

（1）$(selector)：通过选择器获取节点（第 3 章中已经介绍）。

（2）$(element)：把 DOM 节点转化成 jQuery 节点（第 2 章中已经介绍 jQuery 对象与 DOM 对象转化）。

（3）$(html)：使用 HTML 字符串创建 jQuery 节点。

这里使用第三种方式$(html)，具体创建代码如下：

新建

```
//创建含文本与属性 li 元素节点
var $newNode2=$("<li title='标题为远大前程'>远大前程</li>");
```

4.2.2　添加

1．元素内部插入子节点

元素内部插入子节点的方法如表 4-1 所示。

表 4–1　元素内部插入子节点方法

语法	功能
append(content)	$(A).append(B)表示将 B 追加到 A 中，如：$("ul").append($newNode1);
appendTo(content)	$(A).appendTo(B)表示把 A 追加到 B 中，如：$newNode1.appendTo("ul");
prepend(content)	$(A). prepend (B)表示将 B 前置插入 A 中，如：$("ul"). prepend ($newNode1);
prependTo(content)	$(A). prependTo (B)表示将 A 前置插入 B 中，如：$newNode1. prependTo ("ul");

元素内部插
入子节点

2．元素外部插入同辈节点

元素外部插入同辈节点的方法如表 4-2 所示。

表 4–2　元素外部插入同辈节点方法

语法	功能
after(content)	$(A).after (B)表示将 B 插入 A 之后，如：$("ul").after($newNode1);
insertAfter(content)	$(A). insertAfter (B)表示将 A 插入 B 之后，如：$newNode1.insertAfter("ul");
before(content)	$(A). before (B)表示将 B 插入 A 之前，如：$("ul").before($newNode1);
insertBefore(content)	$(A). insertBefore (B)表示将 A 插入 B 之前，如：$newNode1.insertBefore("ul");

元素外部插
入同辈节点

　　除了可以插入新建的节点之外，还可以选择已有节点插入别的地方，以完成节点的移动操作。

实例 1：添加节点。

```
<!doctype html>
<html>
<head>
<meta charset="utf-8">
<title>无标题文档</title>
<script src="jquery-3.3.1.js"></script>
<script>
$(document).ready(function(){
    $("#appendBtn").click(function(){
        $("ul li:eq(0)").append("葡萄");
    });
    $("#appendToBtn").click(function(){
        $("ul li:eq(0)").appendTo("ul");
    });
    $("#afterBtn").click(function(){
        $("ul li:eq(0)").after("<li title='orange'>橘子</li>");
    });

});
</script>
</head>

<body>
<ul>
  <li title="grape"></li>
  <li title="apple">苹果</li>
  <li title="pear">梨</li>
  <li title="banana">香蕉</li>
</ul>
<br/><button id="appendBtn">append</button>
<br/><button id="appendToBtn">appendto</button>
<br/><button id="afterBtn">after</button>
</body>
</html>
```

代码执行结果如图 4-2 所示。

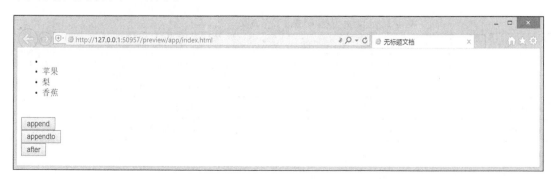

图 4-2　实例 1 执行结果 1

单击"append"按钮之后，执行结果如图 4-3 所示。

图 4-3　实例 1 执行结果 2

单击"appendto"按钮之后，执行结果如图 4-4 所示。

图 4-4　实例 1 执行结果 3

单击"after"按钮之后，执行结果如图 4-5 所示。

图 4-5　实例 1 执行结果 4

4.2.3　删除

jQuery 提供了 3 种删除节点的方法。

（1）remove()：删除整个节点。

（2）detach()：删除整个节点，保留元素的绑定事件、附加的数据。

（3）empty()：清空节点内容。

下面分别介绍 3 种方法。

删除

1. remove()方法

remove()方法会返回被删除节点的 jQuery 对象，可以把这个对象插入其他的地方，所以也可以用这种方法来移动节点。

实例 2：移动节点。

```
<!doctype html>
<html>
<head>
<meta charset="utf-8">
<title>无标题文档</title>
<script src="jquery-3.3.1.js"></script>
<script>
    $(function(){
        var removeLi = $("ul li:eq(1)").remove();//delete li
        removeLi.appendTo($("ul"));//add removed li
    });
</script>
</head>
<body>
<ul>
  <li title="li1">1</li>
  <li title="li2">2</li>
  <li title="li3">3</li>
  <li title="li4">4</li>
  <li title="li5">5</li>
</ul>
</body>
</html>
```

代码执行结果如图 4-6 所示。

图 4-6　实例 2 执行结果

remove()方法默认情况下会删除选择器选中的所有元素。例如，下面的代码将删除所有 ul 下的 li：

```
//remove all li
$("ul li").remove();
```

remove()方法还可以接收参数，设置一些筛选条件，指定到底要删除其中哪些节点。例如，除了指定 title 的节点，其他全部删除：

```
//remove some
$("ul li").remove("li[title!='li2']");
```

2. detach()方法

detach()方法与 remove()方法功能相似，但是 detach()方法删除整个节点后，会保留元素的绑定事件、附加的数据。

实例 3：detach()方法的使用。

```html
<!doctype html>
<html lang="en">
<head>
<meta charset="utf-8">
<title>detach demo</title>
<style>
  p {
    background: yellow;
    margin: 6px 0;
  }
  p.off {
    background: black;
  }
</style>
<script src="https://code.jquery.com/jquery-3.3.1.js"></script>
</head>
<body>
<p>Hello</p>
how are
<p>you?</p>
<button>Attach/detach paragraphs</button>
<script>
    $( "p" ).click(function() {
      $( this ).toggleClass( "off" );
    });
    var p;
    $( "button" ).click(function() {
      if ( p ) {
        p.appendTo( "body" );
        p = null;
      } else {
        p = $( "p" ).detach();
      }
    });
</script>
</body>
</html>
```

代码执行结果如图 4-7 所示。

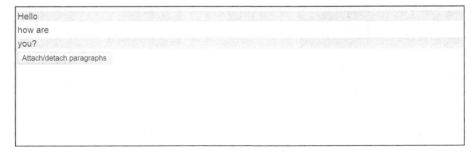

图 4-7　实例 3 代码执行结果 1

单击"Attach/detach paragraphs"按钮后，执行结果如图 4-8 所示。

how are [Attach/detach paragraphs]

图 4-8　实例 3 代码执行结果 2

当再次单击"Attach/detach paragraphs"按钮后，执行结果如图 4-9 所示。

how are [Attach/detach paragraphs]
Hello
you?

图 4-9　实例 3 代码执行结果 3

此时，单击"hello"或者"you?"行，执行结果如图 4-10 所示。

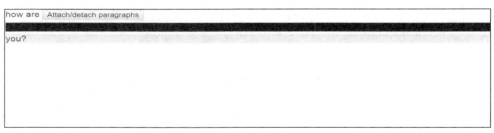

how are [Attach/detach paragraphs]

you?

图 4-10　实例 3 代码执行结果 4

可以看到，p 元素的绑定事件仍旧是存在的。

3. empty()方法

empty()方法删除匹配元素集合中的所有子节点，清空内容，但是元素本身还存在。

实例 4：empty()方法的使用。

```
<!doctype html>
<html>
<head>
<meta charset="utf-8">
<title>无标题文档</title>
<script src="jquery-3.3.1.js"></script>
<script>
    $(function(){
/*empty()会删除ul标签下的所有子节点<li></li>,但<ul></ul>仍旧会保留*/
```

```
        $("#emptyOne").click(function(){
            $("ul").empty();
                                    });
        $("#emptyTwo").click(function(){
/*empty()会删除 li 标签内的所有文本内容，但是<li></li>标签会保留*/
            $("ul li:eq(3)").empty();
        });
        });
</script>
</head>

<body>
<ul>
  <li title="li1">1</li>
  <li title="li2">2</li>
  <li title="li3">3</li>
  <li title="li4">4</li>
  <li title="li5">5</li>
</ul>
  <input type="button" value="emptyOne" id="emptyOne"/><br/>
  <input type="button" value="emptyTwo" id="emptyTwo"/>
</body>
</html>
```

实例 4 代码执行结果如图 4-11 所示。

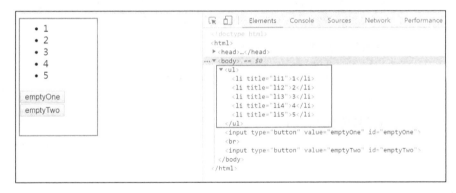

图 4-11　实例 4 代码初次执行结果

单击 "emptyOne" 按钮后，代码执行结果如图 4-12 所示，图 4-12 中左半边图表示页面显示效果，右半边图为相应的页面代码。

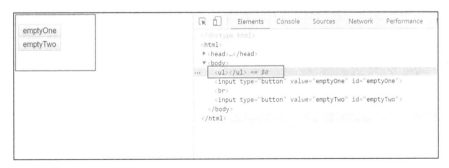

图 4-12　单击"emptyOne"按钮后的执行结果

刷新页面，然后单击"emptyTwo"按钮，代码执行结果如图 4-13 所示，图 4-13 中左半边图表示页面显示效果，右半边图为相应的页面代码。

图 4-13　单击"emptyTwo"按钮后的执行结果

4.2.4　修改

修改文档中的元素节点可以使用多种方法：复制节点、替换节点、包裹节点。

复制节点

1. 复制节点

在页面中，有时需要将某个元素节点复制到另外一个节点，如购物网站中购物车的设计。在传统的 JavaScript 中，需要编写较为复杂的代码，而在 jQuery 中，可以通过 clone()方法轻松实现，该方法经常用到的语法格式如下：

```
//该方法仅是复制元素本身，被复制后的新元素不具有任何元素行为。参数默认为 false。
$(element).clone();
//不仅复制匹配的 DOM 元素，而且将该元素的全部行为也进行复制。
$(element).clone(true);
```

实例 5：每次单击 li 都复制同样的元素并添加在 ul 末尾。

```
<!doctype html>
<html>
    <head>
    <meta charset="utf-8">
    <title>无标题文档</title>
    <script src="jquery-3.3.1.js"></script>
    <script type="text/javascript">
    $(function(){
        $("ul > li").click(function(){
            $(this).clone().appendTo("ul");
        });
    });
    </script>
    </head>

<body>
<ul
  <li title="apple">苹果</li>
  <li title="orange">橘子</li>
  <li title="banana">香蕉</li>
```

```
    <li title="grape">葡萄</li>
   </ul>
  </body>
</html>
```

代码执行后如图 4-14 所示，单击页面"苹果"，复制出来的 li 对象就没有 click 事件了，即单击复制添加出来的 li，不会再添加新的 li。单击第二个"苹果"项，不会再被复制。

图 4-14　实例 5 代码执行结果

2. 替换节点

jQuery 中替换节点常用的两种方法如下。

① replaceAll()：用指定的 HTML 内容或元素替换被选元素。语法格式如下：

替换节点

```
$(content).replaceAll(selector)
```

② replaceWith()：用新内容替换所匹配到的元素。语法格式如下：

```
$(selector).replaceWith(content)
```

其中的 content 可以是 HTML 代码，可以是新元素，也可以是已经存在的元素。

实例 6：替换节点演示。

```
<!doctype html>
<html>
<head>
<meta charset="utf-8">
<title>无标题文档</title>
<script src="jquery-3.3.1.js"></script>
<script type="text/javascript">
    $(function(){
        $("div").click(function(){
            alert(this.innerHTML);
        });
        $("#btnClone").click(function(){
            $("ul > li").replaceWith($("div"));
        });
    });
    </script>
</head>
<body>
<ul>
    <li title="apple">苹果</li>
    <li title="orange">橘子</li>
```

```
            <li title="banana">香蕉</li>
            <li title="grape">葡萄</li>
        </ul>
        <input type="button" id="btnClone" value="替换喜欢的水果">
        <div title="Durian" >榴莲</div>
    </body>
</html>
```

代码执行结果如图 4-15 所示。

图 4-15　实例 6 代码执行结果 1

单击"替换喜欢的水果"按钮，执行结果如图 4-16 所示，单击"榴莲"仍旧可以弹出提示框。说明替换节点的时候连同节点事件一起替换到新位置。所有水果节点替换为"榴莲"后，原来的"榴莲"节点消失，说明使用已有节点替换是不会复制该节点的，而是会移动该节点到新的地方。

图 4-16　实例 6 代码执行结果 2

3. 包裹节点

在 jQuery 中，不仅可以替换元素节点，还可以根据需求包裹某个指定的节点，对节点的包裹也是 DOM 对象操作中很重要的一项。与包裹节点相关的全部方法如表 4-3 所示。

表 4-3　与包裹节点相关的全部方法

语法格式	参数说明
$(element).wrap()	把匹配的元素用指定的内容或元素包裹起来
$(element).wrapAll()	把所有匹配的元素用指定的内容或元素包裹起来，这里会将所有匹配的元素移动到一起，合成一组，只包裹一个 parent
$(element).wrapInner()	将每一个匹配元素的内容用指定的内容或元素包裹起来

实例 7：包裹节点方法演示。

```
<!doctype html>
<html>
<head>
<meta charset="utf-8">
<title>无标题文档</title>
<script src="jquery-3.3.1.js"></script>
<script type="text/javascript">
$(function(){
    $("#button1").click(function(){
        $("#baidu").wrap("<a href='www.baidu.com'>baidu Wrap baidu</a>");
});
$("#button2").click(function(){
    $("div").wrapAll("<a href='www.baidu.com'>baidu Wrap all div</a>");
});
$("#button3").click(function(){
    $("div").wrapInner("<a href='www.baidu.com'>baidu Wrap inner div</a>");
});

});
</script>
</head>

<body>
<br/><div id="baidu">百度</div>
<br/><div id="baiduAI">百度AI</div>
<br/><div id="zhidao">百度知道</div>

<br/><button id="button1">Wrap</button>
<br/><button id="button2">Wrap All</button>
<br/><button id="button3">Wrap Inner</button>
</body>
</html>
```

运行结果：单击"Wrap"按钮，包裹特定的一个 div，执行结果及代码如图 4-17 所示。

图 4-17　实例 7 单击"Wrap"按钮执行结果及代码

单击"Wrap All"按钮，将所有的 div 包裹进一个 group，执行结果及代码如图 4-18 所示。

图 4-18　实例 7 单击"Wrap All"按钮执行结果及代码

单击"Wrap Inner"按钮，在每一个 div 内部添加一层嵌套，执行结果及代码如图 4-19 所示。

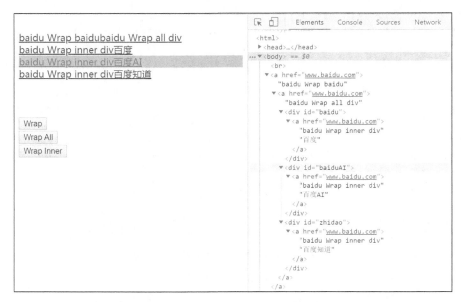

图 4-19　实例 7 单击"Wrap Inner"按钮执行结果及代码

4.2.5　查找

查找节点非常容易，使用选择器就能轻松完成各种查找工作。这是第 3 章中介绍的内容。例如，查找元素节点 p，返回 p 内的文本内容$("p").text();。再例如，查找元素节点 p 的属性，返回属性名称对应的属性值$("p").attr("title")，返回 p 的属性 title 的值。

4.3　jQuery 的其他操作

4.3.1　属性操作

在页面中，attr()方法不仅可以获取元素的属性值，还可以设置元素的属性，语法格式如下：

属性操作

```
//获取元素属性值
attr()
//设置元素属性
attr(attributeName, value)
```

其中，获取元素属性值，attr()方法返回类型是 String，读取不存在的属性会返回 undefined；设置元素属性值的方法中，参数 attributeName 表示属性的名称，value 表示属性的值。

如果要设置多个属性，也可以通过 attr()方法实现，其语法格式如下：

```
attr({attributeName 0:value0, attributeName 1:value1})
```

1. 获取元素的属性值

attr()方法的读操作即获取元素的属性值。下面通过实例 8 来看怎样通过 attr()方法获取元素的属性值。

实例 8：使用 attr()方法获取元素属性值。

```
<!doctype html>
<html>
<head>
<meta charset="utf-8">
<title>无标题文档</title>
<script src="jquery-3.3.1.js"></script>
<script type="text/javascript">
    $(function(){
        $("#btn").click(function(){
        alert($("p").attr("title"));//获取属性
        });
    });
</script>
</head>
<body>
<p title="yuanda">远大前程</p>
<p title="jieyou">解忧杂货店</p>
<br/>
<button id="btn">获取属性值</button>
</body>
</html>
```

代码执行结果如图 4-20 所示。

图 4-20 实例 8 单击"获取属性值"按钮执行结果

注意，选择器的选择结果可能是一个集合，这里仅仅获取的是集合中第一个元素的属性值。如果想要分别获取每一个元素的属性，需要使用 jQuery 的循环结构，例如 each() 或 map() 方法。有关 each() 方法的使用可以参考 4.3.5 节的相关内容。上面的例子可以改成如下代码：

```html
<!doctype html>
<html>
<head>
<meta charset="utf-8">
<title>无标题文档</title>
<script src="jquery-3.3.1.js"></script>
<script type="text/javascript">
    $(function(){
        $("#btn").click(function(){
            $("p").each(function(){
                alert($(this).attr("title"));
            });
        //alert($("p").attr("title"));//获取属性
        });
    });
</script>
</head>

<body>
<p title="yuanda">远大前程</p>
<p title="jieyou">解忧杂货店</p>
<br/>
<button id="btn">获取属性值</button>
</body>
</html>
```

代码执行结果如图 4-21 和图 4-22 所示。

图 4-21　单击"获取属性值"按钮执行结果 1

图 4-22　单击"获取属性值"按钮执行结果 2

2. 设置元素属性

下面采用 attr(attributeName,value)方法执行属性的写操作，具体使用方法参考实例 9。

实例 9：使用 attr()方法设置元素属性。

```
<!doctype html>
<html>
<head>
<meta charset="utf-8">
<title>无标题文档</title>
<script src="jquery-3.3.1.js"></script>
<script type="text/javascript">
    $(function(){
        $("#btn").click(function(){
            $("img").attr("src","attrImg.jpg");
        });
    });
</script>
</head>
<body>
<img width="200px" height="200px">
<br/>
<button id="btn">加载图片</button>
</body>
</html>
```

代码执行结果如图 4-23 和图 4-24 所示。

图 4-23　实例 9 执行结果

图 4-24　实例 9 单击"加载图片"按钮后结果

执行写操作的时候，如果指定的属性名不存在，将会增加一个该名字的属性，即增加自定义属性，其名为属性名，其值为 value 值。具体实现参考实例 10 所示代码。

实例 10：写入一个不存在的属性名。

```
<!doctype html>
<html>
<head>
<meta charset="utf-8">
<title>无标题文档</title>
<script src="jquery-3.3.1.js"></script>
<script type="text/javascript">
    $(function(){
        $("img").attr("describe","这是一张好大的图片");
    });
</script>
</head>
<body>
<img width="200px" height="200px" src="attrImg.jpg" >
</body>
</html>
```

代码执行结果如图 4-25 所示。

图 4-25　实例 10 执行结果

3. 设置多个属性

如果要设置多个属性，可以通过 attr()方法实现，其语法格式如下：

```
attr({attributeName0:value0, attributeName1:value1})
```

注意：设置多个属性值时，属性名的引号是可选的（可以有，也可以没有），但是 class 属性是个例外，必须加上引号。

实例 11：通过 attr()方法设置多个属性值。

```
<!doctype html>
<html>
<head>
<meta charset="utf-8">
<title>无标题文档</title>
<style>
    .imgStyle{
        border:double;
```

```
        border-color: red;
    }
    </style>
<script src="jquery-3.3.1.js"></script>
<script type="text/javascript">
    $(function(){
        $("img").attr({"describe":"这是一张好大的图片",src:"attrImg.jpg","class":
"imgStyle"});
    });
</script>
</head>

<body>
<img width="200px" height="200px">
</body>
</html>
```

代码执行结果如图 4-26 所示，图左边为页面执行结果，右半部分为写入属性执行后，在浏览器端的代码，可以看到能同时写入多个属性。

图 4-26　实例 10 执行结果和浏览器端代码

attr()方法还可以绑定一个 function()函数，通过该函数返回的值作为元素的属性值，其语法格式如下：

```
attr(key, function(index))
```

其中，参数 index 为当前元素的索引号，整个函数返回一个字符串作为元素的属性值。下面通过实例 12 详细介绍。

实例 12：通过绑定 function()函数设置属性值。

```
<!doctype html>
<html>
<head>
<meta charset="utf-8">
<title>无标题文档</title>
<script src="jquery-3.3.1.js"></script>
 <script type="text/javascript">
 $(function(){
     $("img").attr("title",function(){  return "实例图片"; });
 });
    </script>
</head>
<body>
```

```
<img width="200px" height="200px" src="attrImg.jpg">
</body>
</html>
```

代码执行结果和浏览器端代码如图 4-27 所示。

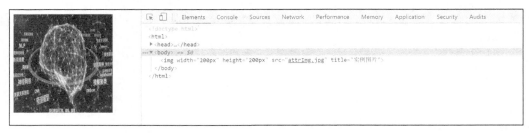

图 4-27 实例 12 执行结果和浏览器端代码

4. removeAttr()方法

在 jQuery 中通过 attr()方法设置元素的属性后，可以使用 removeAttr()方法将元素的属性删除，其语法格式如下：

```
removeAttr(name)
```

其中，参数 name 为元素属性的名称。

实例 13：removeAttr()方法的使用。

```
<!doctype html>
<html>
<head>
<meta charset="utf-8">
<title>无标题文档</title>
<script src="jquery-3.3.1.js"></script>
 <script type="text/javascript">
 $(function(){
     $("img").removeAttr("title");
 });
     </script>
</head>

<body>
<img width="200px" height="200px" src="attrImg.jpg" title="实例图片">
 </body>
</html>
```

代码执行结果和浏览器端代码如图 4-28 所示。

图 4-28 实例 13 执行结果和浏览器端代码

注意：用 removeAttr()移除 onclick 在 IE 6/7/8 上不起作用，为了避免这个问题，可以使用 prop()方法。

4.3.2　样式操作

在页面中，元素样式的操作包括直接设置样式值、追加和移除样式、样式切换等。下面通过实例介绍其语法和使用方法。

1. **直接设置样式值**

在 jQuery 中，可以通过 css()方法为某个指定的元素设置样式值，其语法格式如下：

```
css(name,value)
```

或

```
css({name:value, name:value,name:value…})
```

其中，name 为样式名称，value 为样式值。还可以通过 css()方法同时设置多个样式值。

实例 14：css()方法的使用。

```
<!doctype html>
<html>
<head>
<meta charset="utf-8">
<title>无标题文档</title>
<script src="jquery-3.3.1.js"></script>
 <script type="text/javascript">
 $(function(){
        $("img").css({"border":"5px solid red","opacity":"0.5",
             height:"100px",width:"200px"});
             });
        </script>
</head>
<body>
<img src="attrImg.jpg">
</body>
</html>
```

代码执行结果如图 4-29 所示。

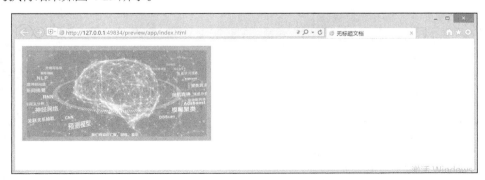

图 4-29　实例 14 执行结果

77

2. 追加和移除样式

（1）追加样式语法格式如下：

```
addClass(class)
```

或

追加和移除
样式

```
addClass(class1 class2…classN)
```

其中，addClass()方法是向匹配的元素增加指定的类名（一个或多个）。注意，对于元素来说，class属性可以有多个值。该方法不会移除已经存在的值，而是在原有的基础上追加一个或多个class属性。

用attr()方法设置class属性，是一个覆盖的过程；用addClass()则是一个追加的过程。class之间是用空格来隔开的。如果需要添加多个类，用空格分隔类名。

（2）移除样式语法格式如下：

```
removeClass("style2")
```

或

```
removeClass("style1 style2")
```

removeClass()方法是从被选元素移除一个或多个类。如需移除若干类，用空格来分隔类名。如果没有传参数，该方法将会移除被选元素的所有类。下面介绍追加和移除样式的实例。

实例 15：二级导航特效。

```
<!doctype html>
<html>
<head>
<meta charset="utf-8">
<title>无标题文档</title>
<style>
    p{
        background:#0000ff;
        width:200px;
        height:30px;
        color:white;
    }
    ul li{
        list-style-type:none;
        line-height:30px;
    }
    ul{
        margin:10px;
    }
    .emClass{
        background:#0000aa;
        color:white;
    }
</style>
<script src="jquery-3.3.1.js"></script>
<script type="text/javascript">
    $(function(){
        $("li").mouseover(function(){
            $(this).addClass("emClass");
```

```
            });
            $("li").mouseout(function(){
                $(this).removeClass("emClass");
            });
        });
    </script>
</head>
<body>
<p>新手上路</p>
<ul>
    <li>注册登录</li>
    <li>易付宝账号激活</li>
    <li>易付宝实名认证</li>
    <li>密码相关</li>
    <li>会员购买</li>
</ul>
</body>
</html>
```

代码执行结果如图 4-30 所示，鼠标滑过哪项，哪项背景颜色就发生改变被选中，鼠标滑出时，背景恢复。

图 4-30　实例 15 执行结果

3. 样式切换

toggleClass()方法模拟了 addClass()与 removeClass()实现样式切换的过程。该方法对被选元素的一个或多个类进行切换（设置或移除）。该方法检查每个元素中的指定类，如果存在则删除，如果不存在则添加。其语法格式如下：

```
toggleClass(class)
```

下面对实例 15 进行简单修改，来看 toggleClass()方法的使用。

实例 16：用 toggleClass()方法实现二级导航特效。

```
<!doctype html>
<html>
<head>
<meta charset="utf-8">
<title>无标题文档</title>
<style>
```

```
        p{
            background:#0000ff;
            width:200px;
            height:30px;
            color:white;
        }
        ul li{
            list-style-type:none;
            line-height:30px;
        }
        ul{
            margin:10px;
        }
        .emClass{
            background:#0000aa;
            color:white;
        }
</style>
<script src="jquery-3.3.1.js"></script>
<script type="text/javascript">
    $(function(){
        $("li").mouseover(function(){
            //$(this).addClass("emClass");
            $(this).toggleClass("emClass");
        });
        $("li").mouseout(function(){
            //$(this).removeClass("emClass");
            $(this).toggleClass("emClass");
        });
    });
    </script>
</head>

<body>
<p>新手上路</p>
<ul>
    <li>注册登录</li>
    <li>易付宝账号激活</li>
    <li>易付宝实名认证</li>
    <li>密码相关</li>
    <li>会员购买</li>
</ul>
</body>
</html>
```

代码执行结果与实例 15 一样，但是添加样式及移除样式方法被 toggleClass()方法取代，采用 toggleClass()进行样式的切换。

4. CSS–DOM 的其他操作

除上述元素的 CSS 相关属性的设置与获取外，还有其他获取和设置元素高度、宽度、相对位置等的样式操作方法，如表 4-4 所示，这里不详细举例介绍，读者可以参考 jQuery 官网的帮助文档进行学习。

表 4–4　样式操作方法

语法	功能
css()	设置或返回匹配元素的样式属性
height([value])	设置或返回匹配元素的高度
width([value])	设置或返回匹配元素的宽度
offset([value])	返回以像素为单位的 top 和 left 坐标。此方法仅对可见元素有效

4.3.3　设置和获取元素

设置和获取元素

在 jQuery 中，操作元素内容的方法包括 html() 和 text()。前者与 JavaScript 中的 innerHTML 属性类似，即获取或设置元素的 HMTL 内容；后者类似 JavaScript 中的 innerText 属性，即获取或设置元素的文本内容。二者的区别如表 4-5 所示。

表 4–5　html()方法和 text()方法区别

语法	参数	功能
html()	无参数	用于获取第一个匹配元素的 HTML 内容或文本内容
html(content)	content 为元素的 HTML 内容	用于设置所有匹配元素的 HTML 内容或文本内容
text()	无参数	用于获取所有匹配元素的文本内容
text(content)	content 为元素的文本内容	用于设置所有匹配元素的文本内容

另外，html()方法仅支持 XHTML 的文档，不能用于 XML 文档，而 text()方法既支持 HTML 文档，也支持 XML 文档。

实例 17：html()方法和 text()方法的使用。

```
<!doctype html>
<html>
<head>
<meta charset="utf-8">
<title>无标题文档</title>
<script src="jquery-3.3.1.js"></script>
<script type="text/javascript">
    $(function(){
        $("#GetHtmlBtn").click(function(){
            alert($("p").html());
        });

        $("#GetTextBtn").click(function(){
            alert($("p").text());
        });

        $("#SetHtmlBtn").click(function(){
            $("p").html("劝君莫惜金缕衣, <font style='color: red'><strong>劝君惜取少
年时。</strong></font>");
        });

        $("#SetTextBtn").click(function(){
            $("p").text("劝君莫惜金缕衣, 劝君惜取少年时。");
```

```
                });
            });
        </script>
    </head>
    <body>
        <p>花开堪折直须折，<font style="color: red"><strong>莫待无花空折枝。
</strong></font></p>
        <button id="GetHtmlBtn">Get html()</button>
        <br/>
        <button id="GetTextBtn">Get text()</button>
        <br/>
        <button id="SetHtmlBtn">Set Html()</button>
        <br/>
        <button id="SetTextBtn">Set Text()</button>
        <br/>
    </body>
</html>
```

单击"Get html()""Get text()""set Html()""set Text()"按钮的执行结果分别如图 4-31～图 4-34 所示，通过执行结果可以看到 html()方法与 text()方法的区别。

图 4-31　实例 17 单击"Get html()"按钮后执行结果

图 4-32　实例 17 单击"Get text()"按钮后执行结果

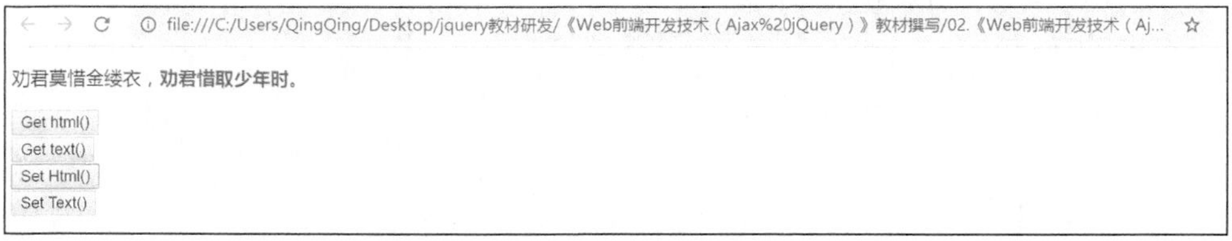

图 4-33　实例 17 单击"set Html()"按钮后执行结果

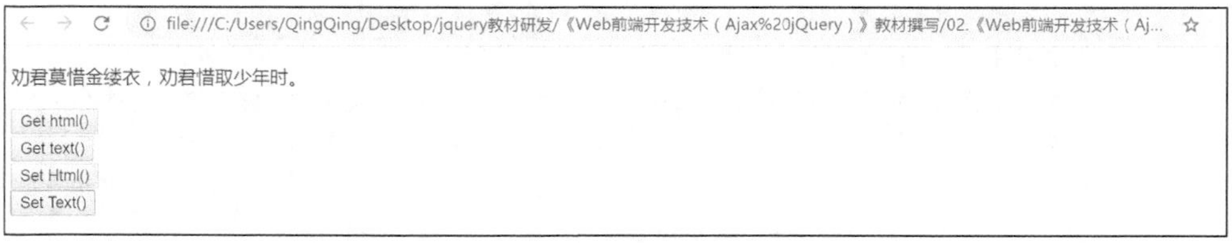

图 4-34　实例 17 单击"set Text()"按钮后执行结果

4.3.4　设置和获取值

设置和获取值

在 jQuery 中，要获取或设置元素的值可以通过 val()方法实现，其语法格式为 val()或者 val(val)。

其中，如果不带参数，是获取某元素的值；带参数的话即设置元素的值，将参数 val 的值赋给某元素。该方法常用于表单中获取或设置对象的值。对于多选列表框，则可以通过 val()方法获取多个值。下面通过实例介绍 val()方法的使用。

实例 18：通过 val()方法获取文本框和多选项的值。

```html
<!doctype html>
<html>
<head>
<meta charset="utf-8">
<title>无标题文档</title>
<script src="jquery-3.3.1.js"></script>
<script type="text/javascript">
    $(function(){
        $("#GetSelectVal").click(function(){
            alert($("select").val());
        });
        $("#GetTextVal").click(function(){
            alert($("input").val());
        });
    });
    </script>
</head>
<body>
<input type="text" value="文本框的值"/>
<select id="multiple" multiple="multiple">
  <option selected="selected">Multiple</option>
  <option>Multiple2</option>
  <option selected="selected">Multiple3</option>
</select>
<button id="GetTextVal">GetValue</button>
<br/>
<button id="GetSelectVal">GetSelectVal</button>
    <br/>
</body>
</html>
```

单击"GetValue"按钮，执行结果如图 4-35 所示，单击"GetSelectVal"按钮，执行结果如图 4-36 所示。

图 4-35　实例 18 单击"GetValue"按钮后执行结果

图 4-36　实例 18 单击"GetSelectVal"按钮后执行结果

4.3.5　遍历节点

遍历节点

1. each()方法

讲到节点的遍历，先来看一个比较常见的方法——each()。在 DOM 元素操作中，有时需要对同一标记的全部元素进行统一操作。在传统的 JavaScript 中，先获取元素的总长度，然后以 for 循环语句递减总长度，访问其中的某个元素，代码相对复杂；而在 jQuery 中，可以直接使用 each()方法实现元素的遍历。其语法格式如下：

```
$(selector).each(function(index,element))
```

其中，函数 function()为每个匹配元素规定运行的函数；index 标识选择器的 index 位置和元素的序号（从 0 开始）；element 表示当前的元素（也可使用 this 选择器）；如果需要访问元素中的属性，可以借助形参 index，配合 this 关键字来实现元素属性的设置或获取。

实例 19：each()方法的使用。

```
<!doctype html>
<html>
<head>
<meta charset="utf-8">
<title>无标题文档</title>
<script src="jquery-3.3.1.js"></script>
<script type="text/javascript">
    $(function(){
        $( "li" ).each(function( index ) {
        console.log( index + ": " + $( this ).text() );
});
    });
    </script>
</head>

<body>
<ul>
  <li>花开堪折直须折</li>
  <li>莫待无花空折枝</li>
</ul>
</body>
</html>
```

代码执行结果如图 4-37 所示。

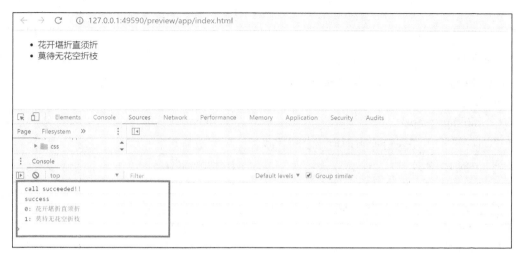

图 4-37　实例 19 执行结果

2. 其他遍历方法

除了上面的 each()方法外，节点遍历的方法还包括子元素遍历、同辈元素遍历、前辈元素遍历等，具体如表 4-6 所示。除了表 4-6 中列举的方法，在 jQuery 中还提供了 find()、filter()等节点操作方法，此处不一一列举了，读者可查看 jQuery 官网的帮助文档进行学习。

表 4-6　节点遍历方法

语法	功能
children([selector])	获得匹配元素集合中每个元素的所有子元素，但不包含子元素的子元素
prev([selector])	用于获取紧邻匹配元素之前的元素
next([selector])	获取匹配元素集中每个元素的紧随其后的兄弟元素。如果提供了选择器，则仅当它与该选择器匹配时，它才会检索下一个兄弟元素
prev([selector])	获取匹配元素集中每个元素的前一个兄弟元素。如果提供了选择器，则仅当它与该选择器匹配时，它才会检索前一个兄弟元素
siblings([selector])	获取匹配元素集中每个元素的兄弟元素，可选择由选择器过滤
parents([selector])	获取当前匹配元素集中每个元素的祖先，可选择由选择器进行过滤
parent([selector])	获取当前匹配元素集中每个元素的父元素，可选择由选择器过滤，注意此处获取的是每个元素的父元素，与 parents([selector])不同

本章小结

本章主要分两大部分来介绍 jQuery 对 DOM 的操作。第一部分为 jQuery 对 DOM 节点的操作；第二部分为 jQuery 对 DOM 样式内容的操作。读者需要熟练掌握这两部分内容，重点是这两部分方法的灵活使用。

习　题

一、选择题

1. 在 jQuery 中想要找到所有元素的同辈元素，下面（　　　）是可以实现的。

    A.　eq(index)　　　　　　　　　　　　　　　B.　find(expr)

    C.　siblings([expr])　　　　　　　　　　　　D.　next()

2. 下面（　　　）用来追加到指定元素的后面。

    A.　insertAfter()　　　　　　　　　　　　　B.　append()

    C.　appendTo()　　　　　　　　　　　　　D.　after()

3. 在 jQuery 中，如果想要从 DOM 中删除所有匹配的元素，正确的是（　　　）。

    A.　delete()　　　　　　　　　　　　　　　B.　empty()

    C.　remove()　　　　　　　　　　　　　　D.　removeAll()

4. 在 jQuery 中指定一个类，如果存在，就执行删除功能；如果不存在，就执行添加功能，下面（　　　）是可以直接完成该功能的。

    A.　removeClass()　　　　　　　　　　　　B.　deleteClass()

    C.　toggleClass(class)　　　　　　　　　　D.　addClass()

5. jQuery 代码：$.each([0,1,2]，function(i,n){alert(i + ": " + n);});运行结果是（　　　）。

    A.　1:0　　　　　　　　　2:1　　　　　　　　　3:2

    B.　0:1　　　　　　　　　1:2　　　　　　　　　2:3

    C.　0:0　　　　　　　　　1:1　　　　　　　　　2:2

    D.　1:1　　　　　　　　　2:2　　　　　　　　　3:3

6. 页面有一个<input type="text" id="name"　name="name" value=""/>元素，动态设置该元素的值。正确的选项是（　　　）。

    A.　$("#name").val("动态设值");　　　　　　B.　$("#name").text("动态设值");

    C.　$("#name").html("动态设值");　　　　　D.　$("#name").value("动态设值");

二、编程题

实现功能如下：当邮箱地址框获取鼠标焦点时，如果地址框的值为"请输入邮箱地址"，则将地址框中的值清空；当邮箱地址框失去鼠标焦点时，如果地址框的值为空，则将地址框中的值设置为"请输入邮箱地址"。邮箱密码框类似，如图 4-38 所示。

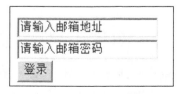

图 4-38　实现效果

05

第 5 章   jQuery 中的事件

学习目标
- 掌握页面载入事件执行时机
- 掌握常见事件的监听方式
- 掌握事件的绑定、解除以及模拟用户操作方法
- 掌握常见的事件方法及分类
- 了解事件冒泡原理
- 熟悉事件对象常用的属性、方法

5.1   事件介绍

事件介绍

本章介绍的内容为 jQuery 中的事件，我们要先对事件有个初步的认识，什么是事件呢？正如大家所了解的，页面在加载时，会触发 load 事件。当用户单击某个按钮时，会触发该按钮的 click 事件，通过这些事件实现各种功能或某些操作。事件在元素对象和功能代码中起着重要的桥梁作用。

在学习 jQuery 中的事件之前，我们先回顾一下 JavaScript 中的事件。jQuery 是 JavaScript 的封装库，在 jQuery 中的事件处理方法是 jQuery 的核心函数。事件处理程序指的是当 HTML 中发生某些事件时所调用的方法。

5.2   页面载入事件

在正式开始进入事件使用之前，我们需要先掌握一个比较重要的事件——页面载入事件。对页面元素的操作和事件绑定需要等待一个合适的时机，即当浏览器端的所有页面元素加载完毕后再对元素进行操作，否则可能出现找不到页面元素的错误，而页面载入事件即在浏览器端的页面元素加载完毕后被触发的事件。在 JavaScript 中，此页面载入事件是 window.onload，jQuery 作为 JavaScript 库文件，也有与之对应的替代方法，即$(document).ready(function(){//执行代码})，在开发过程中通常简写为$(function(){//执行代码})。

5.3　jQuery 绑定的事件

5.3.1　常见事件监听方式

在 Web 页面经常会有各种事件发生，事件发生后需要进行一些特定处理，即执行特定的函数或者语句。这就需要对事件进行监听，监听事件的常见方式有以下三种，接下来通过实例来具体介绍。

1. HTML 标签内联事件

实例 1：单击页面"Hello"按钮，弹出提示框显示 Hello world!。

```
<!doctype html>
<html>
<head>
<meta charset="utf-8">
<title>无标题文档</title>
</head>
<body>
<button onclick="alert('Hello world!')">Hello</button>
</body>
</html>
```

可以看到实例 1 中，事件的监听代码是放在 HTML 标签中，这种方式看起来比较直观，但是这是一种不大提倡的事件监听方式。首先，将视图代码（HTML）与交互代码（JavaScript）相结合，意味着每当需要更新功能时，都必须编辑 HTML，这将给代码后期的维护带来很大麻烦。其次，它不具备可扩展性。如果我们要将这个单击功能附加到许多按钮上，那么不仅要用一堆重复的代码来增加页面量，而且还会破坏可维护性。

2. 用 JavaScript 实现事件监听

实例 2：单击页面"Hello"按钮，弹出提示框显示 Hello world!。

```
<!doctype html>
<html>
<head>
<meta charset="utf-8">
<title>无标题文档</title>
<script type="text/javascript">
    window.onload=function{
        var helloBtn = document.getElementById( "helloBtn" );
        helloBtn.onclick=function(){
            alert( "Hello world!" );
        }
    }
</script>
</head>
<body>
<button id="helloBtn">Hello</button>
</body>
</html>
```

3. 用 jQuery 实现事件监听

使用 jQuery 监听事件有很多种方法，如实例 3 所示。

实例 3：单击页面 "Hello" 按钮，弹出提示框显示 Hello world!。

```
<!doctype html>
<html>
<head>
<meta charset="utf-8">
<title>无标题文档</title>
<script src="jquery-3.3.1.js"></script>
<script type="text/javascript">
    $(function(){
//jQuery 第一种监听事件方法
    $( "#helloBtn" ).click(function( ) {
        alert( "Hello world!" );
    });
    /*
//jQuery 第二种监听事件方法
    $( "#helloBtn" ).bind( "click", function( ) {
        alert( "Hello world!" );
    });*/
//jQuery 第三种监听事件方法
    $( "#helloBtn" ).on( "click", function( ) {
        alert( "Hello world!" );
    });
//jQuery 第四种监听事件方法
    $( "body" ).on({
        click: function( ) {
            alert( "Hello world!");
        }
    }, "button" );
//jQuery 第五种监听事件方法
    $( "body" ).on( "click", "button", function( ) {
        alert( "Hello world!" );
    });
    });
</script>
</head>
<body>
<button id="helloBtn">Hello</button>
</body>
</html>
```

下面具体分析实例 3 中用到的 jQuery 事件监听方法。

（1）第一种事件监听方法 click()，是一种比较常见的、便捷的事件监听方法。

（2）第二种事件监听方法 bind()，已被 jQuery 3.0 弃用。自 jQuery 1.7 以来被 on()方法（即第三种事件监听方法）所取代，虽然在这里也能使用且不报错，而且此方法之前比较常见，但是不鼓励使用它。

（3）第三种事件监听方法 on()，从 jQuery 1.7 开始，所有的事件绑定方法最后都是调用 on()方法来实现的，使用 on()方法实现事件监听会更快、更具一致性。

（4）第四种和第五种方法，监听的是 body 上所有 button 元素的 click 事件。DOM 树里更高层的一个元素监听发生在它的 children 元素上的事件，这个过程叫作事件委托（event delegation）。这里不再具体讲解，感兴趣的读者可以查看官方帮助文档。

5.3.2　使用 on()方法绑定事件

在实例 3 中简单介绍了使用 jQuery 绑定事件的方法，它是最简单的一种绑定方法，如下代码所示。

```
$( "#helloBtn" ).click(function( ) {
    alert( "Hello world!" );
});
```

接下来详细介绍使用 on()方法进行事件绑定，在实例 3 中也有简单介绍。on()方法为我们提供了一种语义方法，用于创建直接绑定事件以及委托事件。以后无须使用已弃用的 bind()、live()和 delegate()方法，为添加事件提供了一个单一的 API。

on()方法的常见语法格式如下：

```
$(selector).on(event,[data],function)
```

参数说明如下。

（1）event：必需。添加到元素的一个或多个事件，由空格分隔多个事件，必须是有效的事件。

（2）data：可选。规定传递到函数的额外数据。

（3）function：必需。规定事件发生时运行的函数。

on()方法提供了几个比较有用的功能。

（1）简单事件绑定。

（2）将多个事件绑定到一个事件处理程序。

（3）将多个事件和多个处理程序绑定到选定的元素。

（4）在事件处理程序中使用有关事件的详细信息。

（5）将自定义数据传递到事件对象。

接下来通过实例来具体看 on()方法提供的几个功能。

1．简单事件绑定

实例 4：单击页面"hello"按钮，弹出提示框显示 hello world!。

```
<!doctype html>
<html>
<head>
<meta charset="utf-8">
<title>无标题文档</title>
<script src="jquery-3.3.1.js"></script>
<script type="text/javascript">
    $(function(){
        $("#btn1").on("click",function(){
            alert("hello world!");
        });
    });
</script>
</head>
<body>
<button id="btn1">hello</button>
</body>
</html>
```

实例 4 代码执行结果如图 5-1 所示。这是使用 on()方法实现的一个比较简单的事件绑定。on()传递了两个参数，一个是事件类型 click，另一个是事件处理函数 function(){...}。

图 5-1　实例 4 代码执行结果

2. 将多个事件绑定到一个事件处理程序

实例 5：在页面中，添加背景色为绿色的 div 元素，当鼠标滑入或者离开 div 时，触发滑入或者离开事件，执行同一事件处理程序，Console 显示提示信息。

```html
<!doctype html>
<html>
<head>
<meta charset="utf-8">
<title>无标题文档</title>
<style>
    div{
        margin: auto;
        height: 30px;
        width: 100px;
        background-color: green;
    }
    </style>
<script src="jquery-3.3.1.js"></script>
<script type="text/javascript">
    $(function(){
    $( "div" ).on( "mouseenter mouseleave", function() {
        console.log("鼠标进入或者离开");
});
    });
    </script>
</head>

<body>
<div>鼠标滑过试试</div>
</body>
</html>
```

实例 5 代码执行结果如图 5-2 所示。当鼠标滑入 div，然后又离开 div 时，触发了 mouseenter 和 mouseleave 这两个事件，这两个事件执行同一个事件处理函数，可以看到图右侧 Console 显示 2 次提示信息。

图 5-2　实例 5 代码执行结果

3. 将多个事件和多个处理程序绑定到选定的元素

on()方法也接受包含多个事件和处理程序。假设鼠标进入和离开 div 元素时，需要不同的事件处理程序，这比前一个例子更常见。例如，要在鼠标悬停时显示和隐藏工具提示，可以使用此方法。

实例 6：在页面中，添加背景色为绿色的 div 元素，当鼠标滑入、离开或者单击此 div 时，分别触发滑入、离开或者单击事件，执行不同的事件处理程序，Console 显示提示信息。

```
<!doctype html>
<html>
<head>
<meta charset="utf-8">
<title>无标题文档</title>
<style>
    div{
        margin: auto;
        height: 30px;
        width: 170px;
        background-color: green;
    }
    </style>
<script src="jquery-3.3.1.js"></script>
<script type="text/javascript">
    $(function(){
        $( "div" ).on({
      mouseenter: function() {
        console.log( "鼠标滑入 div" );
      },
       mouseleave: function() {
        console.log( "鼠标滑出 div" );
      },
       click: function() {
        console.log( "鼠标单击 div" );
      }
});
    })
    </script>
</head>
```

```
<body>
<div>鼠标滑过或者单击试试</div>
</body>
</html>
```

实例 6 代码执行结果如图 5-3 所示，进行如下操作：鼠标滑入 div，然后离开 div，鼠标再次进入 div 并单击 div，这一系列操作结果可以看图 5-3 右侧的 Console 的显示信息。

图 5-3　实例 6 代码执行结果

4. 在事件处理程序中使用有关事件的详细信息

触发一个事件并执行事件处理程序时，往往需要获取一些事件信息，这些信息包括导致事件的元素、事件的类型以及其他与特定事件相关的信息。这里需要一个对象，即事件对象 event，它包含了所需要的事件的相关信息。接下来通过实例来看在事件处理程序中使用有关事件的详细信息。

实例 7：在页面中，添加背景色为绿色的 div 元素，当鼠标单击 div 时，显示相关的事件信息。

```
<!doctype html>
<html>
<head>
<meta charset="utf-8">
<title>无标题文档</title>
<style>
    div{
        margin: auto;
        height: 30px;
        width: 170px;
        background-color: green;
    }
</style>
<script src="jquery-3.3.1.js"></script>
<script type="text/javascript">
    $(function(){
        $( "div" ).on( "click", function( event ) {
            console.log( "event object:" );
            console.dir( event );
        });
    });
```

```
</script>
</head>

<body>
<div>单击显示事件对象信息</div>
</body>
</html>
```

实例 7 代码执行结果如图 5-4 所示。当单击 div 后，可以看到图右侧 Console 中显示了 event object 的信息，通过对 event 的对象或者属性的调用，可以获取需要的事件对象信息。

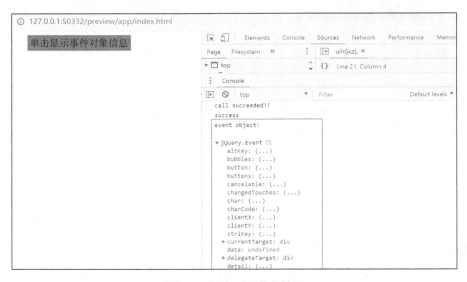

图 5-4　实例 7 代码执行结果

5. 将自定义数据传递到事件处理对象

实例 8：在页面中，添加一个绿色 div 元素，单击 div 时，弹出提示框显示 hello world!，其中 hello world!为用户自定义的数据。

```
<html>
<head>
<meta charset="utf-8">
<title>无标题文档</title>
<style>
    div{
        margin: auto;
        height: 30px;
        width: 170px;
        background-color: green;
    }
</style>
<script src="jquery-3.3.1.js"></script>
<script type="text/javascript">
    $(function(){
        $( "div" ).on( "click", {hll: "hello world!"}, function( event ) {
            alert(event.data.hll);});
    });
</script>
```

```
</head>
<body>
<div>单击显示问候信息</div>
</body>
</html>
```

实例 8 的代码执行结果如图 5-5 所示。单击 div 后，弹出提示框显示 hello world!，如图 5-6 所示，说明自定义传值成功。

图 5-5　实例 8 代码执行结果 1

图 5-6　实例 8 代码执行结果 2

5.3.3　使用 one()方法绑定事件

有时需要一个特定的处理程序只运行一次，以后可能运行不同的处理程序，或者不运行任何处理程序。one()方法提供了只进行一次的事件绑定。one()方法的语法格式如下：

```
$(selector).one(event,data,function)
```

参数说明如下。

（1）event：必需。规定添加到元素的一个或多个事件，由空格分隔多个事件，必须是有效的事件。

（2）data：可选。规定传递到函数的额外数据。

（3）function：必需。规定事件发生时运行的函数。

下面通过实例来看 one()方法的使用方法，可以对以上实例稍做修改，修改代码如下：

```
<script type="text/javascript">
    $(function(){
        $( "div" ).one( "click", {hll: "hello world!"}, function( event ) {
            alert(event.data.hll);});
    });
</script>
```

然后执行修改后的实例代码，第一次单击图 5-5 所示的 div，弹出提示框显示 hello world!，当再次单击 div 的时候，没有任何反应。可以看出 one()方法只进行一次事件绑定。

5.3.4　解除事件绑定

具有大量事件绑定的复杂用户界面可能会降低浏览器性能，当不需要事件绑定的时候，可以使用 off()方法解除这些事件绑定。

off()方法的常见语法格式如下：

```
$(selector).off(events [, selector ] [, handler ])
```

参数说明如下。

（1）events：必需。要移除的事件类型，由空格分隔多个事件。

（2）data: 可选。一个选择器，它应该与 on()附加事件处理程序时最初传递的选择器匹配。

（3）function: 必需。之前为事件附加的处理函数。

off()不带参数调用会删除附加到元素的所有处理程序。通过提供事件名称、命名空间、选择器或处理函数名称的组合，可以删除特定事件处理程序。

实例 9：为实例 8 的 div 解除事件绑定。

```
<!doctype html>
<html>
<head>
<meta charset="utf-8">
<title>无标题文档</title>
<style>
    div{
        margin: auto;
        height: 30px;
        width: 170px;
        background-color: green;
    }
</style>
<script src="jquery-3.3.1.js"></script>
<script type="text/javascript">
    $(function(){
        $( "div" ).on( "click", {hll: "hello world!"}, function( event ) {
            alert(event.data.hll);});
        $("#btn").click(function(){
            $("div").off("click");
            alert("div的click事件绑定已解除");
        });
    });
</script>
</head>

<body>
<div>单击显示问候信息</div>
<button id="btn">解除绑定</button>
</body>
</html>
```

实例 9 代码执行结果如图 5-7 所示，当直接单击绿色 div 时，弹出提示框显示 hello world!，单击"解除绑定"按钮后，提示"div 的 click 事件绑定已解除"，如图 5-8 所示，然后再次单击绿色 div，没有弹出提示框，说明 div 的 click 事件绑定已解除了。

图 5-7　实例 9 代码执行结果 1

图 5-8　实例 9 代码执行结果 2

5.3.5　模拟用户操作

1. trigger()方法

以上触发事件的例子，都是通过用户手动触发的，例如，用户单击 button 按钮触发单击事件，用户操作鼠标滑过某个标签元素会触发鼠标滑过事件，但是有些时候我们希望页面自动触发这些事件。jQuery 提供了 trigger()方法来实现自动触发事件的功能。trigger()方法的语法格式如下：

```
$(selector).trigger(event,[param1,param2,...])
```

其中，参数 event 是必需的，它规定了指定元素上要触发的事件类型，可以是自定义事件，或者任何标准事件。[param1，param2，...]是可选的参数，表示事件被触发时传递给事件处理程序的参数。

实例 10：页面中添加两个 button 按钮，单击 "hello" 按钮时，弹出提示框显示 hello world!，再实现通过单击 "trigger hello" 按钮触发 "hello" 按钮的 click 事件。

```
<!doctype html>
<html>
<head>
```

```
<meta charset="utf-8">
<title>triggerDemo</title>
<script src="jquery-3.3.1.js"></script>
<script type="text/javascript">
    $(function(){
        $("#hell").click(function(){
            alert(" helo world!");
        });
        $("#trg").click(function(){
            $("#hell").trigger("click");
        });
    });
</script>
</head>
<body>
<button id="hell">hello</button>
<button id="trg">trigger hello</button>
</body>
</html>
```

实例 10 的代码执行结果如图 5-9 和图 5-10 所示。图 5-9 所示为单击"hello"按钮时，弹出提示框显示 hello world!。图 5-10 所示为通过单击"trigger hello"按钮触发"hello"按钮的 click 事件，弹出提示框显示 hello world!。

图 5-9 实例 10 代码执行结果 1

图 5-10 实例 10 代码执行结果 2

trigger()方法在触发事件的同时，还可以传递参数，我们可以对实例 10 进行修改，代码如下：

```
<!doctype html>
<html>
<head>
<meta charset="utf-8">
<title>triggerDemo</title>
<script src="jquery-3.3.1.js"></script>
<script type="text/javascript">
    $(function(){
        $("#hell").click(function(event,param1){
            if(param1)
                {
                    alert(param1+" hello world!");
                }
            else
```

```
                    alert("hello world!");
                });
                $("#trg").click(function(){
                    $("#hell").trigger("click",["trigger "]);
                });
            });
        </script>
        </head>
        <body>
        <button id="hell">hello</button>
        <button id="trg">trigger hello</button>
        </body>
        </html>
```

修改后的代码执行结果如图 5-11 和图 5-12 所示。图 5-11 所示为单击 "hello" 按钮后弹出的提示框，图 5-12 所示为单击 "trigger hello" 按钮后弹出的提示框。通过此例子，我们可以了解 trigger() 方法在触发事件时是怎样传递参数的。

图 5-11　实例 10 代码修改后执行结果 1

图 5-12　实例 10 代码修改后执行结果 2

2.　triggerHandler() 方法

triggerHandler() 方法的功能与 trigger() 方法类似，triggerHandler() 方法的语法格式如下：

```
$(selector).triggerHandler(event,[param1,param2,...])
```

其中，参数 event 是必需的，它规定了指定元素上要触发的事件类型，可以是自定义事件，或者任何标准事件。[param1，param2，...]是可选的参数，表示事件被触发时传递给事件处理程序的参数。

可以看到 triggerHandler() 方法与 trigger() 方法的语法格式也相似，但是两者在功能上是有区别的。下面来看这两个方法的异同点。

（1）trigger() 方法触发被选元素上指定的事件以及事件的默认行为（如表单提交），而 triggerHandler() 方法不触发事件的默认行为。

（2）trigger() 方法会操作 jQuery 对象匹配的所有元素，triggerHandler() 方法只会操作第一个匹配元素。

（3）由 triggerHandler() 方法创建的事件不会在 DOM 树中冒泡，如果目标元素不直接处理它们，则不会发生任何事情。

实例 11：页面中有一个文本框，分别通过两个 button 按钮触发此文本框的获取焦点事件。

```
<!doctype html>
<html>
<head>
<meta charset="utf-8">
<title>triggerHandler 与 trigger</title>
<script src="jquery-3.3.1.js"></script>
<script type="text/javascript">
    $(function(){
        $( "#trg" ).click(function() {
            $( "input" ).trigger( "focus" );
        });
        $( "#trgHdl" ).click(function() {
            $( "input" ).triggerHandler( "focus" );
        });
        $( "input" ).focus(function() {
            $( "<span>Focused!</span>" ).appendTo( "body" ).fadeOut( 1200 );
        });
    })
</script>
</head>

<body>
<input type="text" value="To Be Focused">
<p></p>
<button id="trg">.trigger( "focus" )</button>
<button id="trgHdl">.triggerHandler( "focus" )</button>
</body>
</html>
```

实例 11 代码执行结果如图 5-13 和图 5-14 所示。图 5-13 所示为单击 ".trigger("focus")" 按钮执行结果，可以看到 trigger()方法触发了文本框的 focus()事件后，不仅在页面中显示了 Focused!，而且文本框也处于被选中状态（获得焦点），即触发了文本框元素默认行为。图 5-14 所示为单击 ".triggerHandler("focus")" 按钮的执行结果，在页面中显示了 Focused!，但是文本框未被选中（未获取焦点）。由此可以得知 trigger()方法触发了被选元素上指定的事件以及事件的默认行为，而 triggerHandler()方法不会触发浏览器默认的获取焦点行为。

图 5-13　实例 11 执行结果

图 5-14　实例 11 执行结果

5.3.6 常见事件分类

前面介绍了实现事件监听的各种方式以及 jQuery 中的事件绑定和解除方法、模拟用户操作等，下面再来看 jQuery 中有关这些事件操作的分类。

在使用 JavaScript 编写脚本语言时，常常会用到各种事件，如简单的单击事件 onclick（鼠标事件，即通过鼠标单击触发事件）、onkeydown（键盘事件，即按键盘上任意键触发）等，通过对这些事件的设置，JavaScript 可以触发网页中设置好的事件，事件的触发可以是用户的行为，也可以是浏览器的行为，事件通常有以下几种，包括元素被单击时、页面加载完后、元素被鼠标经过时或者 HTML 的 input 元素改变时等。jQuery 能够绑定的事件方法大致可以分为以下 4 类：键盘事件、鼠标事件、表格事件、浏览器事件。

1. 键盘事件

常见的键盘事件如表 5-1 所示。

表 5–1　常见键盘事件

方法	说明
keydown()	键盘按下时触发
keyup()	键盘松开时触发
keypress()	按一次键后触发

注意：以上方法都可以使用 on()方法来实现。举例说明：keydown()方法只是 on("keydown",handler)的一种简写，因此可以使用 off("keydown")解除绑定。其他键盘事件方法与 keydown()方法类似。

2. 鼠标事件

常见的鼠标事件如表 5-2 所示。

表 5–2　鼠标事件

方法	说明
click()	鼠标单击时触发
dblclick()	鼠标双击时触发
mousedown()	鼠标的按键按下时触发
mouseup()	鼠标的按键松开时触发
mouseenter()	鼠标指针进入时触发
mouseleave()	鼠标指针移出元素时触发
mousemove()	鼠标在 DOM 内部移动时触发
mouseover()	鼠标经过元素时触发
contextmenu()	鼠标的右键打开上下文菜单时触发
hover()	鼠标进入和退出时触发两个函数，相当于 mouseenter 加上 mouseleave

注意：以上方法都可以使用 on()方法来实现。举例说明：click()方法只是 on("click",handler)的一种简写，因此可以使用 off("click")解除绑定。其他鼠标事件方法与 click()方法类似。

3. 表格事件

常见的表格事件如表 5-3 所示。

表 5-3　表格事件

方法	说明
focus()	当元素获得焦点时（当通过鼠标单击选中元素或通过 Tab 键定位到元素时）触发
blur()	当元素失去焦点时触发
change()	当 input、select 或 textarea 的内容改变时（仅适用于表单字段）触发
submit()	当 form 表单提交时触发
select()	当 textarea 或文本类型的 input 元素中的文本被选择时触发

注意：以上方法都可以使用 on()方法来实现。举例说明：select()方法只是 on("select",handler)的一种简写，因此可以使用 off("select")解除绑定。其他表格事件方法与 select()方法类似。

4. 浏览器事件

常见的浏览器事件如表 5-4 所示。

表 5-4　浏览器事件

方法	说明
resize()	当更改浏览器窗口的大小时会触发
scroll()	只要元素的滚动位置发生变化，就会触发。鼠标单击或拖动滚动条，在元素内拖动，按箭头键或使用鼠标滚轮可能会导致此事件

注意：由于该 scroll()方法只是 on("scroll",handler)的一种简写，因此可以使用 off("scroll")解除绑定。其他浏览器事件方法类似。

总结：从 jQuery 1.7 开始，on()方法提供了附加事件处理程序所需的所有功能。以上表格中列举的事件方法都是通过 on()方法来实现的，on()方法是个比较底层的方法。

5.4　事件冒泡

严格来说，事件在触发后分为两个阶段：捕获阶段和冒泡阶段。但是大多数浏览器并不支持捕获阶段，jQuery 也不支持，因此事件触发后往往执行冒泡过程。

什么是事件冒泡呢？对于大多数事件，只要页面上出现某些内容（如单击某个元素），事件就会从它发生的元素移动到其父元素，然后移动到父元素的父元素，以此类推，直到它到达根元素（window）为止，这一过程称为事件冒泡。事件冒泡触发的顺序为从最下面往上触发，即从 DOM 树的叶子到根。可以通过以下实例来体会事件冒泡。

实例 12：页面有 3 个嵌套的 div 元素，分别添加 click 事件。

```
<!doctype html>
<html>
<head>
<meta charset="utf-8">
<title>无标题文档</title>
```

```
<style>
#outer {
    position: absolute;
    width: 400px;
    height: 400px;
    top: 0;
    left: 0;
    bottom: 0;
    right: 0;
    margin: auto;
    background-color: #8A2324;
}
#middle {
    position: absolute;
    width: 300px;
    height: 300px;
    top: 50%;
    left: 50%;
    margin-left: -150px;
    margin-top: -150px;
    background-color: #000000;
}
#inner {
    position: absolute;
    width: 100px;
    height: 100px;
    top: 50%;
    left: 50%;
    margin-left: -50px;
    margin-top: -50px;
    background-color: green;
    text-align: center;
    line-height: 100px;
    color: white;
}
</style>
<script src="jquery-3.3.1.js"></script>
<script type="text/javascript">
    $(function(){
        $( "#inner" ).on( "click", function( event ) {
            alert( "inner" );
});
        $( "#middle" ).on( "click", function( event ) {
            alert( "middle" );
});
        $( "#outer" ).on( "click", function( event ) {
            alert( "outer" );
});
    });
</script>
</head>

<body>
```

```
    <div id="outer">
      <div id="middle">
        <div id="inner">单击我!</div>
      </div>
    </div>
</body>
</html>
```

代码执行结果如图 5-15～图 5-18 所示，当单击一次中间的绿色 div 后，弹出提示框的顺序如图 5-15～图 5-17 所示，分别弹出 inner、middle、outer 信息提示框。通过这个结果可以看到，仅仅单击一次最内侧的绿色 div，按照顺序分别触发了最内侧的 div、中间黑色 div、最外围的红色 div 的 click 事件。这类似一种冒泡的事件流，事件触发流程图如图 5-18 所示。由此可以了解，Web 页面上可以有多个事件，也可以有多个响应同一个事件元素之间的嵌套，单击最里层的元素就会触发每一个单击事件，且每一个元素都会按一定的顺序响应。

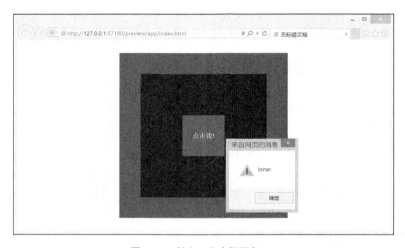

图 5-15　单击一次中间绿色 div

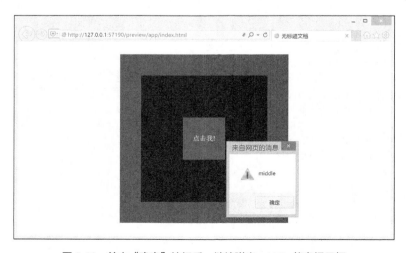

图 5-16　单击"确定"按钮后，继续弹出 middle 信息提示框

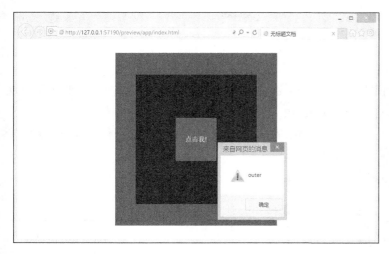

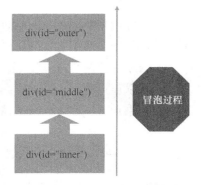

图 5-17　单击"确定"按钮后，继续弹出 outer 信息提示框　　　　图 5-18　事件触发流程图

　　怎样阻止事件冒泡呢？这里我们使用事件对象 event 提供的方法 stopPropagation()或者使用 return false 这两种方式阻止事件冒泡。对实例代码进行修改，实现停止事件冒泡，关键代码如下：

```
<script src="jquery-3.3.1.js"></script>
<script type="text/javascript">
    $(function(){
        $( "#inner" ).on( "click", function( event ) {
            alert( "inner" );
            //event.stopPropagation();
            return false;
        });

        $( "#middle" ).on( "click", function( event ) {
    alert( "middle" );
});

        $( "#outer" ).on( "click", function( event ) {
    alert( "outer" );
});
    });
</script>
```

　　在最内侧的 div 框的 click 事件处理程序内，添加一句 event.stopPropagation()或者 return false，此时在浏览器端查看代码执行结果，单击 id="inner"的 div，发现只弹出一次"inner"信息提示框。事件冒泡行为被成功阻止了。

5.5　事件对象

　　事件在浏览器中是以对象的形式存在的，即 event。触发一个事件，就会产生一个事件对象 event，该对象包含所有与事件有关的信息，包括导致事件的元素、事件的类型以及其他与特定事件相关的信息。例如，鼠标操作产生的 event 中会包含鼠标位置的信息，键盘操作产生的 event 中会包含与按下的键有关的信息。在事件被触发的时候，回调方法接收一个事件对象作为参数，如实例 12 中的 div

元素添加 click 事件代码如下：

```
$( "#inner" ).on( "click", function( event ) {
    alert( "inner" );});
```

在上面代码中，函数 function()中传递了一个 event 参数，即事件对象，这样在处理的时候，可以知道当前是什么事件（即 type），以及它的 target 和相关的事件参数。

jQuery 在遵循 W3C 规范的前提下，对事件对象的常用属性进行了封装，使事件处理在各大浏览器上都可以正常运行，而不需要进行浏览器类型判断。

下面来看事件对象 event 的常用属性及方法，如表 5-5 和表 5-6 所示。

表 5–5　event 对象常用属性

属性	说明
event.type	获取事件的类型
event.data	发生事件的时候，传递给事件方法的可选数据对象
event.pageX	鼠标相对于文档的左边缘的位置
event.pageY	鼠标相对于文档的顶部边缘的位置
event.target	获取触发事件的元素
event.which	获取在鼠标单击事件中鼠标的左、中、右键（左键 1，中间键 2，右键 3）在键盘事件中键盘的键码值
event.currentTarget	事件冒泡阶段中的当前 DOM 元素
event.relatedTarget	事件中涉及的其他 DOM 元素（如果有）

其中，event.pageX 和 event.pageY 获取鼠标当前相对于页面的坐标，可以确定元素在当前页面的坐标值，以页面为参考点，不随滑动条移动而变化。

表 5–6　event 对象常用方法

方法	说明
event.preventDefault()	阻止默认行为，可以用 event.isDefaultPrevented() 来确定 preventDefault 是否被调用过
event.stopPropagation()	阻止事件冒泡，事件是可以冒泡的，为防止事件冒泡到 DOM 树上，不触发任何前辈元素上的事件处理函数，可以用 event.isPropagationStopped() 来确定 stopPropagation 是否被调用过
event.isDefaultPrevented()	判断阻止默认行为的事件是否发生过
event.isPropagationStopped()	判断是否阻止过事件的冒泡

接下来通过一些实例进一步介绍 event 对象属性和方法的使用。

实例 13：在页面中的表单内添加一个用户名文本框和一个 submit 提交按钮，当单击 submit 按钮提交表单内容时，如果文本框为空，阻止表单提交，如果文本框非空，可以提交表单跳转到百度页面。

```
<!doctype html>
<html>
<head>
<meta charset="utf-8">
<title>阻止表单提交</title>
<script src="jquery-3.3.1.js"></script>
<script type="text/javascript">
    $(function(){
        $( "#sub" ).on( "click", function( event ) {
```

```
                var username=$("#userName").val();
                if(username==""){
                    $("#msg").html("<p>文本框的值不能为空!!</p>");
                    event.preventDefault();//阻止默认行为表单提交
                }
            });
        });
</script>
</head>

<body>
<form action="http://www.baidu.com">
    <table>
        <tr><td>用户名: </td><td><input type="text" id="userName"></td><td><div id=
"msg"></div></td></tr>
        <tr><td colspan="2"><input type="submit" id="sub"></td><td></td><td></td></tr>
    </table>
</form>
</body>
</html>
```

实例代码执行结果如图 5-19～图 5-21 所示，图 5-19 显示文本框为空时，单击"提交查询内容"按钮，弹出提示信息，并且未发生表单提交事件。图 5-20 显示文本框非空时候，单击"提交查询内容"按钮，发生表单提交事件，页面跳转到百度页面，如图 5-21 所示。

图 5-19　实例 13 执行结果 1

图 5-20　实例 13 执行结果 2

图 5-21　实例 13 执行结果 3

实例 14：在页面中，添加<a></a>标签对跳转到百度网站，并为<a></a>标签对添加 click 事件，弹出 a 的 href 属性信息，阻止<a></a>链接跳转这一默认行为。

```html
<!doctype html>
<html>
<head>
<meta charset="utf-8">
<title>eventTarget 属性</title>
<script src="jquery-3.3.1.js"></script>
<script type="text/javascript">
    $(function(){
        $("a").on("click",function(event){
            alert(event.target.href);//获取 a 的 href 属性值
            //event.preventDefault();
            return false;//阻止链接跳转默认行为
        });
    });
</script>
</head>

<body>
<a href="http://www.baidu.com">百度</a>
</body>
</html>
```

单击"百度"链接，弹出图 5-22 所示提示框。单击提示框上的"确定"按钮后，页面并未发生跳转，这是代码中 return false; 语句阻止了这一默认行为。这里包括两种阻止默认行为的方式：return false; 和 event.preventDefault();。

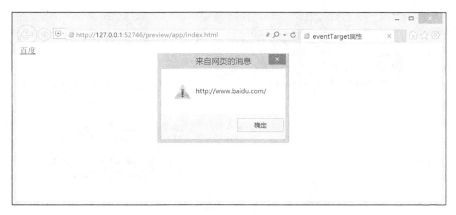

图 5-22　实例 14 执行结果

本章小结

本章主要介绍了 jQuery 中的事件。首先介绍了页面载入事件及其执行时机；其次通过大量实例介绍了事件绑定方式、事件绑定方法、解除事件绑定方法以及模拟用户操作，并根据当前最新版的 jQuery 库对事件绑定方法进行介绍；最后介绍了与事件有关的事件冒泡现象、事件对象的常用属性及方法。这几方面内容是 jQuery 事件的重点，读者需要牢牢掌握。

习　　题

一、选择题

1. 实际开发中，通常需要使用（　　　），防止用到页面尚未加载的对象。
   A. window.onload
   B. $(document).ready(fn)
   C. $(function(){})
   D. document.onload

2. 下列选项中，（　　　）不是网页中的事件。
   A. onclick
   B. onmouseover
   C. onsubmit
   D. onpressbutton

二、简答题

1. 常见的事件监听方式有哪几种？举例说明至少 3 种。

2. 简述 jQuery 中页面载入事件$(function(){…})的执行时机及其与 JavaScript 中 window.onload= function(){}的区别。

3. 从 jQuery 1.7 开始，jQuery 中所有的事件绑定方法最后都是调用哪个方法来实现的？

4. 事件冒泡是什么？举例说明。

三、编程题

1. 实现图 5-23 所示的鼠标滑过小图显示大图的功能。

图 5-23　实现效果

2. 实现图 5-24 所示的列表的二级菜单功能。

图 5-24　实现效果

06

第 6 章　jQuery 中的动画

学习目标
- 了解 jQuery 基本动画效果
- 掌握 jQuery 常用动画效果
- 掌握 jQuery 自定义动画效果

6.1　jQuery 基本动画效果

在 Web 开发中，前端页面的用户体验度是非常重要的，无论一个网站的后台系统如何稳健、高可用、可扩展等，没有一个好的页面也是很难吸引到用户的。jQuery 为前端页面开发提供了大量的动画和特效方法，这些方法可以实现元素的淡入淡出、切变、滑动等特效，极大地提高了用户的视觉体验度。

提到 jQuery 中的动画，我们需要掌握一些对应的方法，通过使用这些方法，实现一些动画效果。下面先介绍最基本的动画方法。

基本动画方法如表 6-1 所示。

表 6-1　基本动画方法

语法	功能
show ([speed,[easing],[fn]])	显示隐藏的匹配元素。如果选择的元素是可见的，这个方法将不会改变任何东西。无论这个元素是通过 hide()方法隐藏的还是在 CSS 里设置了 display:none;，这个方法都将有效
hide([speed,[easing],[fn]])	隐藏显示的元素。如果选择的元素是隐藏的，这个方法将不会改变任何东西
toggle([speed],[easing],[fn])	用于绑定两个或多个事件处理器函数，以响应被选元素的轮流的 click 事件。如果元素是可见的，切换为隐藏的；如果元素是隐藏的，切换为可见的

6.1.1　show()方法

show()方法用于显示隐藏的匹配元素。

例如，使用如下代码显示 p 元素：

```
$("p").show()
```

这段代码的功能即通过标签选择器找到匹配的 p 元素，将其显示出来。此时的 show()方法不带任何参数，那么它就相当于使用

show()方法

css()方法设置 display 属性：

```
$("p").css("display", "block");
```

此时的作用是立即显示匹配元素，没有任何动画效果。如果希望在显示匹配元素的同时有一个缓慢显示的效果，可以为 show()方法指定一个速度参数。

例如，显示一段文字效果如下。

（1）立即显示效果

```
<html>
  <head>

    <title>show()方法显示内容</title>

    <style type="text/css">
        #head{
            width:250px;
            border:1px solid black;
            background:green;
            font:20px;
        }
        #content{
            width:250px;
            heigh:300px;
            border:1px solid black;
            font:14px;
        }
    </style>

    <script type="text/javascript" src="js/jquery-1.11.1.js"></script>

    <script type="text/javascript">
        $(function(){
            $("#head").click(function(){
                $("#content").show();
            });
        });
    </script>

  </head>

  <body>
    <div id="panel">
        <h5 id="head">泉城济南</h5>
        <div id="content" style="display:none">
        济南市，简称“济”，别称“泉城”，是山东省省会。济南因境内泉水众多，拥有“七十二名泉”，被
称为“泉城”，素有“四面荷花三面柳，一城山色半城湖”的美誉。济南八景闻名于世，是拥有“山、泉、湖、
河、城”独特风貌的旅游城市，是国家历史文化名城、首批中国优秀旅游城市，史前文化——龙山文化的发祥
地之一。
        </div>
    </div>
  </body>
</html>
```

未执行 show()方法的效果如图 6-1 所示，代码执行结果如图 6-2 所示。

图 6-1　未执行 show()方法的效果　　　　　　　图 6-2　执行 show()方法后的效果

（2）以动画效果缓慢显示

```
<script type="text/javascript">
    $(function(){
        $("#head").click(function(){
                $("#content").show("slow");
        });
    });
</script>
```

代码执行结果如图 6-3 所示。

图 6-3　执行 show("slow")方法后的效果

如果在调用 show()方法的时候添加了一个 slow 参数，那么在显示文本的时候，将会在 600ms 内以动画的效果缓慢展开文字内容。这是 slow 参数对应的默认时间，用户也可以自定义速度。

（3）以指定时间显示

```
<script type="text/javascript">
    $(function(){
        $("#head").click(function(){
                $("#content").show(1000);
        });
```

```
        });
</script>
```

此时，文字内容将会在 1000ms（即 1s）内显示出来。

（4）方法参数

对于 show()方法，除了可以用它来调整不同的显示速度，也可以调用一个回调函数，用来执行动画完成时需要执行的函数。

例如，在上例中，当执行完显示元素操作后，将文本内容改为"欢迎来到济南！"，代码如下：

```
<script type="text/javascript">
        $(function(){
            $("#head").click(function(){
                $("#content").show("slow",function(){
                    $(this).text("欢迎来到济南! ");
                });
            });
        });
</script>
```

代码执行结果如图 6-4 所示。

图 6-4　执行 show("slow",fn)方法后的效果

6.1.2　hide()方法

hide()方法用于隐藏匹配的元素。如果匹配元素是隐藏的，这个方法将不会改变任何东西。

hide()方法

hide()方法和 show()方法都是 jQuery 中最基本的动画方法，使用的情景类似。修改上述实例，操作如下。

（1）立即隐藏效果

先修改页面，让文字部分正常显示：

```
<body>
  <div id="panel">
    <h5 id="head">泉城济南</h5>
    <div id="content" style="display:block">
            济南市，简称"济"，别称"泉城"，是山东省省会。济南因境内泉水众多，拥有"七十二名泉"，
被称为"泉城"，素有"四面荷花三面柳，一城山色半城湖"的美誉。济南八景闻名于世，是拥有"山、泉、湖、
河、城"独特风貌的旅游城市，是国家历史文化名城、首批中国优秀旅游城市，史前文化——龙山文化的发祥
地之一。
    </div>
  </div>
</body>
```

执行 jQuery 代码，实现立即隐藏效果：

```
<script type="text/javascript">
        $(function(){
            $("#head").click(function(){
                $("#content").hide();
            });
        });
</script>
```

此时单击鼠标，文字部分被立即隐藏。执行结果如图 6-5 所示。

（2）以动画效果缓慢显示

```
<script type="text/javascript">
        $(function(){
            $("#head").click(function(){
                $("#content").hide("slow");
            });
        });
</script>
```

代码执行结果如图 6-6 所示。

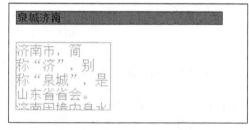

图 6-5　执行 hide()方法时的效果　　　　图 6-6　执行 hide("slow")方法时的效果

类似 show()方法缓慢显示一个匹配元素，如果在调用 hide()方法的时候添加了一个 slow 参数，那么在隐藏对应的文本时，将会在 600ms 内以动画的效果缓慢隐藏相关内容。

（3）以指定时间显示

```
<script type="text/javascript">
        $(function(){
            $("#head").click(function(){
                $("#content").hide(1000);
            });
        });
</script>
```

使用自定义时间隐藏匹配元素的方式与 show()的方式一致，同样可选择一个时间数值作为动画完成的时长。

（4）方法参数

类似 show()方法，hide()方法同样也可以调用一个回调函数，用来执行动画完成时需要执行的函数。

例如，修改上例，当执行完隐藏元素操作后，将文本内容改为"欢迎来到济南！"，但是因为 div 元素被隐藏，我们可以通过一个 alert 进行验证，代码如下：

```
<script type="text/javascript">
```

```
        $(function(){
                $("#head").click(function(){
                    $("#content").hide("slow",function(){
                        $(this).text("欢迎来到济南！");
                        alert($(this).text());
                    });
                });
        });
</script>
```

代码执行结果如图 6-7 所示。

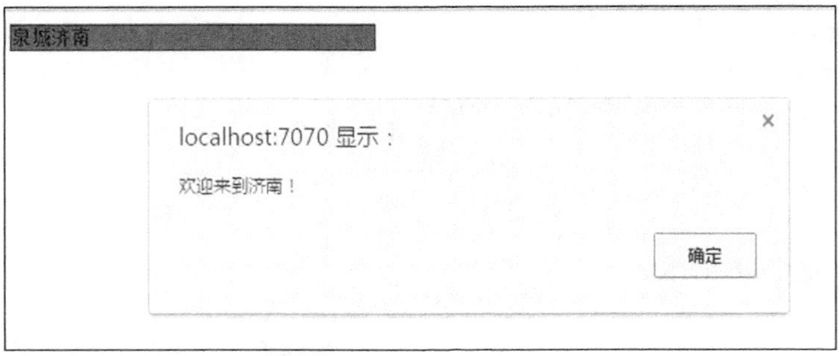

图 6-7　执行 hide("slow",fn)方法时的效果

6.1.3　toggle()方法

上面的实例中，show()方法用于展示匹配的元素，hide()方法用于隐藏匹配的元素，那么如果要把一个元素在展示和隐藏之间来回切换应该怎么实现呢？按照思路，要进行两个方法的切换就需要先判断当前元素的状态，才能判断切换时需要使用哪个方法，但这样很麻烦，怎么简化这个过程，自动地实现两种方法之间的循环切换呢？下面介绍一个新方法——toggle()。

toggle()方法用于切换元素的可见状态，如果元素是可见的，则切换成隐藏的；如果元素是隐藏的，则切换成可见的，实现取反的操作。

下面继续使用上面的实例进行 toggle()方法的使用。

（1）常规的 toggle()方法效果

```
<script type="text/javascript">
        $(function(){
            $("#head").click(function(){
                $("#content").toggle();
            });
        });
</script>
```

此时单击鼠标，文字部分会进行显示与隐藏之间的循环切换，但都是立即显示或者立即隐藏，这是常规的 toggle()方法的效果。

（2）以动画效果缓慢显示

toggle()方法进行显示和隐藏的效果切换的时候，可以参照 show()和 hide()方法，添加一个动作完成的时间限制，实现动画效果，修改代码如下：

```
<script type="text/javascript">
    $(function(){
            $("#head").click(function(){
                $("#content").toggle(slow);
            });
    });
</script>
```

代码执行效果类似 show()方法和 hide()方法，在 600ms 内以动画的效果进行切换。

（3）以指定时间显示

```
<script type="text/javascript">
    $(function(){
        $("#head").click(function(){
                $("#content").toggle(1000);
        });
    });
</script>
```

使用自定义时间隐藏匹配元素的方式与显示隐藏方法一致，同样可选择一个时间数值作为动画完成的时长。

6.2 jQuery 常用动画效果

通过前面 jQuery 基本动画方法的使用可以发现，jQuery 中的基本动画效果都是会同时增大（或减小）内容的高度和宽度，从而实现对内容的显示（或隐藏），那么怎么实现局部的动画效果呢？例如，怎么通过改变高度实现内容的显示（或隐藏），或者通过改变内容的透明度实现内容的显示（或隐藏）呢？这就要使用下面的 fade 和 slide 的方法来实现了。下面先简单介绍几个对应的方法（见表 6-2）。

表 6–2 常用动画方法

语法	功能
slideDown([speed],[easing],[fn])	通过高度变化（向下增大）动态地显示所有匹配的元素，在显示完成后可选地触发一个回调函数
slideUp([speed,[easing],[fn]])	通过高度变化（向上减小）动态地隐藏所有匹配的元素，在隐藏完成后可选地触发一个回调函数
slideToggle([speed],[easing],[fn])	通过高度变化切换所有匹配元素的可见性，并在切换完成后可选地触发一个回调函数
fadeIn([speed],[easing],[fn])	通过不透明度的变化实现所有匹配元素的淡入效果，并在动画完成后可选地触发一个回调函数
fadeOut([speed],[easing],[fn])	通过不透明度的变化实现所有匹配元素的淡出效果，并在动画完成后可选地触发一个回调函数
fadeTo([[speed],opacity,[easing],[fn]])	把所有匹配元素的不透明度以渐进方式调整到指定的不透明度,并在动画完成后可选地触发一个回调函数
fadeToggle([speed,[easing],[fn]])	通过不透明度的变化开关所有匹配元素的淡入和淡出效果,并在动画完成后可选地触发一个回调函数

其中，fade 对应的几个方法，都是通过修改匹配元素的透明度来实现匹配元素的显示和隐藏的，与匹配元素高度和宽度无关。

下面通过几个案例来讲解这几个方法的使用。

6.2.1 滑动效果

jQuery 中滑动效果的方法和前面的基本动画效果对应的方法是一样的。使用规范也是先找到匹配元素，然后通过方法调用来指明滑动的效果。下面继续使用前面的实例介绍滑动方法的使用。

（1）使用 slideDown()进行显示

先修改页面中文字部分的属性，将 display 的属性改为 none，隐藏文字部分，执行 jQuery 代码，实现滑动显示效果：

```javascript
<script type="text/javascript">
    $(function(){
        $("#head").click(function(){
                $("#content").slideDown();
        });
    });
</script>
```

此时单击鼠标，文字部分内容自上而下滑动显示。执行结果如图 6-8 所示。

（2）使用 slideDown()以动画效果缓慢显示

```javascript
<script type="text/javascript">
    $(function(){
        $("#head").click(function(){
                $("#content").slideDown("slow");
        });
    });
</script>
```

代码执行结果如图 6-9 所示。

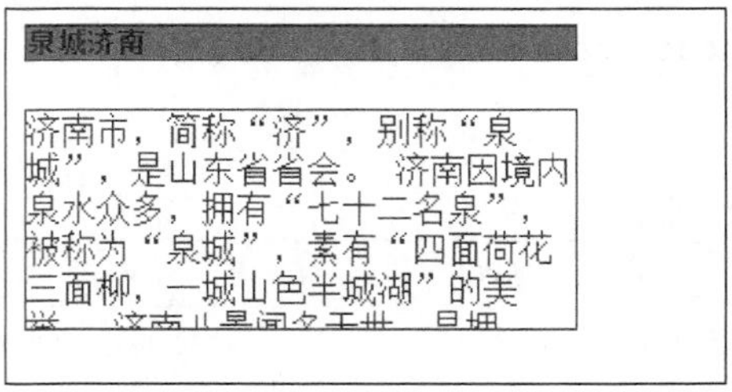

图 6-8　执行 slideDown()方法时的效果 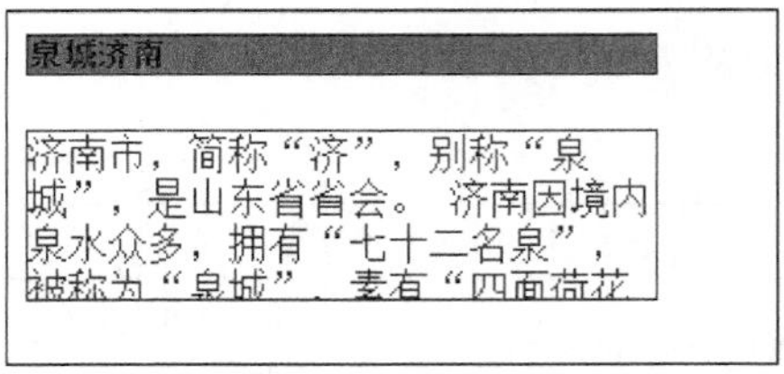　　　　图 6-9　执行 slideDown("slow")方法时的效果

类似基本动画方法缓慢显示一个匹配元素效果，如果在调用 slideDown()方法的时候添加了一个 slow 参数，那么在显示对应的元素时，将会在 600ms 内以动画的效果缓慢自上而下地滑动显示。

（3）使用 slideDown()以指定时间显示

```javascript
<script type="text/javascript">
    $(function(){
        $("#head").click(function(){
                $("#content").slideDown(1000);
        });
    });
</script>
```

使用自定义时间滑动显示匹配元素的方式与基本动画效果方法的方式一致，同样可选择一个时间数值作为动画完成的时长。

同样可以实现滑动动画效果的方法还有 slideUp()方法，只不过 slideUp()方法用于将匹配的隐藏元素以滑动的形式隐藏，自下而上地收起，滑动的过程中类似画轴卷起，只改变高度，不改变宽度。使用的元素与 slideDown()方法一致，这里不再赘述。

（4）使用 slideToggle()实现元素的显示和隐藏

```
<script type="text/javascript">
    $(function(){
        $("#head").click(function(){
                $("#content").slideToggle();
        });
    });
</script>
```

代码执行结果实现自下而上隐藏和自上而下显示之间的切换。slideToggle()方法的使用类似 toggle()方法，同样可以修改参数来设定完成显示和隐藏效果的时间长度。

6.2.2　淡入淡出

前面介绍的 show()方法、hide()方法、slideDown()方法和 slideUp()方法都是通过调整元素的高宽进行元素的显示和隐藏操作的。在实际操作中，有时是通过改变元素的显示程度进行显示和隐藏操作，也就是通过改变元素的透明度操作元素的可见性。jQuery 中淡入、淡出的动画效果就是通过改变元素的透明度改变元素的可见性，可分别使用 fadeIn()、fadeOut()、fadeTo()和 fadeToggle()方法实现。

fadeIn()方法效果如其名，用于显示匹配元素。fadeIn()方法会在指定的一段时间内增加元素的不透明度，直到元素完全显示。

（1）使用 fadeIn()显示匹配元素

先修改页面中文字部分的属性，将 display 的属性改为 none，隐藏文字部分，执行 jQuery 代码，实现滑动显示效果：

```
<script type="text/javascript">
    $(function(){
        $("#head").click(function(){
                $("#content").fadeIn();
        });
    });
</script>
```

此时单击鼠标，文字部分内容将增加不透明度显示。执行结果如图 6-10 所示。

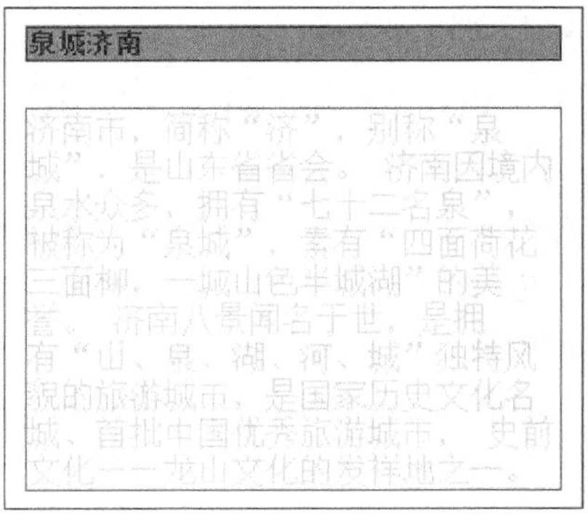

图 6-10　执行 fadeIn()方法时的效果

（2）使用 fadeIn() 以动画效果缓慢显示

```
<script type="text/javascript">
    $(function(){
        $("#head").click(function(){
                $("#content").fadeIn("slow");
        });
    });
</script>
```

类似基本动画方法缓慢显示一个匹配元素的效果，如果在调用 fadeIn() 方法的时候添加了一个 slow 参数，那么在显示对应的元素时，将会在 600ms 内以动画的效果逐渐增加元素的不透明度显示。

（3）使用 fadeIn() 以指定时间显示

```
<script type="text/javascript">
    $(function(){
        $("#head").click(function(){
                $("#content").fadeIn(1000);
        });
    });
</script>
```

使用自定义时间改变透明度显示匹配元素的方式与基本动画效果方法的方式一致，同样可选择一个时间数值作为动画完成的时长。

同样可以实现透明度变化动画效果的方法是 fadeOut() 方法，正如其字面意思，fadeOut() 方法用于将匹配元素淡出页面，也就是通过降低元素的不透明度，直到元素消失。其使用方法与 fadeIn() 方法一致，这里不再赘述。

（4）使用 fadeToggle() 实现元素的显示和隐藏

```
<script type="text/javascript">
    $(function(){
        $("#head").click(function(){
                $("#content").fadeToggle();
        });
    });
</script>
```

代码执行结果实现淡化不透明度隐藏和增加不透明度显示之间的切换。fadeToggle() 方法的使用类似 toggle() 方法，同样可以修改参数来设定完成显示和隐藏效果的时间长度。

（5）使用 fadeTo() 操作元素的显示

在通过改变匹配元素的透明度实现元素的显示和隐藏的方法时，常会需要匹配元素以一个特定的透明度展示出来，例如，通过调节透明度显示一个元素的时候，希望这个动画效果在元素显示到半实体的状态时就停止。为实现这种效果，jQuery 提供了一个专门的动画方法——fadeTo()，正如其字面意思，To 是一个方向目标，当进行元素的显示时，元素的透明度达到了 To 后面所指定的数值就会停止动画行为。下面通过修改实例来介绍 fadeTo() 方法的使用。

将图 6-11 中的文字以 20% 的透明度进行展示，代码如下：

```
<script type="text/javascript">
    $(function(){
        $("#head").click(function(){
```

```
                $("#content").fadeTo("slow",0.2);
            });
        });
</script>
```

执行 fadeTo()对应的 jQuery 代码后，效果如图 6-12 所示。

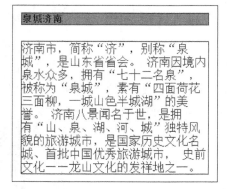 

图 6-11　执行 fadeTo()方法之前的页面效果　　图 6-12　执行 fadeTo()方法之后的页面效果

可以看到，执行 fadeTo("slow",0.2)方法后，匹配元素的透明度降低到了 20%，完成这个透明度降低过程的时间是 600ms，由第一个参数 slow 来确定。

当然，有时对透明度进行操作后，还会做一些动画结束的方法调用。修改上例，让透明度降低到 20%后，提示当前的透明度为 20%，代码如下：

```
<script type="text/javascript">
    $(function(){
        $("#head").click(function(){
            $("#content").fadeTo("slow",0.2,function(){
                alert("当前文字的透明度为 20%")
            });
        });
    });
</script>
```

代码执行结果如图 6-13 所示。

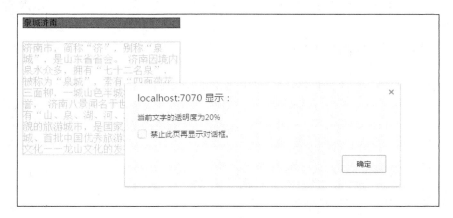

图 6-13　执行 fadeTo()方法之后的页面效果

可以看到，透明度发生变化后，随之弹出一个提示框，弹出提示框的操作是通过调用一个回调函数进行的。所以如果在改变透明度后想执行某些动作，需要将对应的回调函数作为参数在 fadeTo() 方法中进行传递，该参数是可以省略的，默认的状态下认为没有下一个待执行的动作。

6.3　jQuery 自定义动画效果

6.3.1　自定义动画效果的介绍

前面讲的动画方法都是特定的某一个动画效果对应的方法，本质上都是调用了 animate() 方法，使用该方法可以实现更多的动画效果。如果对于想要实现的动画效果有特殊要求，就可以通过自定义动画来进行实现，也就是通过使用 animate() 方法完成自定义动画的效果。

6.3.2　自定义动画效果的使用

自定义动画效果的使用方法与前面的常用动画效果的方法格式一致，同样也是对匹配元素进行某种动画效果的设定，具体的动画效果通过传递不同的属性值作为参数进行实现。例如：

自定义动画效果的使用

```
$("p").animate({opacity:'toggle'},3000);
```

就是一个自定义的动画效果，匹配的元素是段落 p，对其动画效果展示是每 3s 进行一次 opacity，即透明度的切换，那么运行的效果就是每 3s 实现一次匹配元素由完全透明与完全不透明之间的切换。

如果使用的是其他一些属性，就会形成不同的效果，这就是自定义的动画效果。

按照上面的例子，可以得到 animate() 自定义动画效果方法的使用规范：

```
animate (params, [speed], [easing], [fn])
```

简单解释，就是实现一个 param 效果，需要使用 speed 长的时间，动画结束后，可以通过调用 fn 回调方法来进行下一步动作的执行。

下面通过一个实例来展示自定义动画效果的使用。

实例 1：设计一个正方形，使用 animate() 自定义动画方法，实现正方形自动放大和缩小的动画效果。

首先，假设有一个 100px×100px 的正方形，让其自动变成 200px×200px 的大小，实现代码如下：

```
<html>
  <head>

    <title>animate()方法的使用</title>

    <script type="text/javascript" src="js/jquery-1.11.1.js"></script>

    <script type="text/javascript">
        $(function(){
            //运行将原来的 100px×100px 的 div 变成 200px×200px
            $("div").animate({width:"200px",height:"200px"},1000);
        });
```

```
    </script>

  </head>

  <body>
    <div style="width:100px;height:100px;border:1px solid black"></div>
  </body>
</html>
```

代码执行结果如图 6-14 所示。

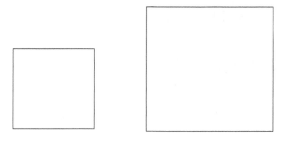

图 6-14 正方形逐渐增大至 200px×200px 的效果

现在想实现 100px×100px 的正方形和 200px×200px 的正方形自动地大小循环动画效果，可以写两个方法：一个是调用 animate()方法用来实现正方形的放大，然后调用缩小的方法；另一个是调用 animate()方法用来实现正方形的缩小，然后调用放大的方法；最后在文档就绪函数中调用其中的一个方法，形成两个方法的互相调用。实现代码如下：

```
<script type="text/javascript">
        function _change1(){
            $("div").animate({width:"200px",height:"200px"},1000,function(){
                _change2();
            });
        };
        function _change2(){
            $("div").animate({width:"100px",height:"100px"},1000,function(){
                _change1();
            });
        };
        $(function(){
            _change1();
        });
</script>
```

代码执行后可以看到一个正方形在不停地放大和缩小，这就是通过使用一个自定义动画方法来设定一个动画效果。如果要实现其他的动画效果，只需修改 animate()中对应的参数即可。

6.3.3 stop()方法

stop()方法

前面讲解了很多种动画效果，那么对于每一种动画样式，都可以选择对其在需要的场景下暂停或者停止动画效果，jQuery 提供了一个方法——stop()，功能就如它的名字一样，对某个正在执行的动画进行悬停操作。

下面通过修改实例 1 的动画效果来看 stop()方法的使用。首先修改页面，在页面上添加两个按钮，一个用于开始动画效果，另一个用于悬停动画效果，代码如下：

```
<body>
    <button>start</button>
    <button>stop</button>
     <div style="width:100px;height:100px;border:1px solid black"></div>
</body>
```

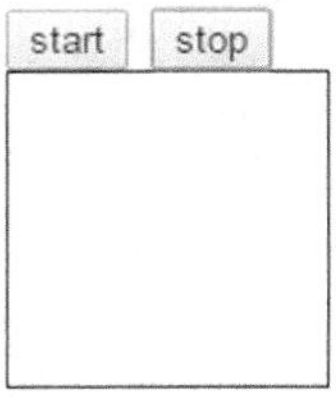

代码执行结果如图 6-15 所示。

此时，单击不同的按钮就执行不同的操作，其中 stop 按钮用于控制停止动画效果的执行，修改就绪函数的代码如下：

```
$(function(){
        $("button:first").click(function(){
            _change1();
        });

        $("button:last").click(function(){
            $("div").stop();
        });
});
```

图 6-15 按钮控制正方形 动画效果的页面

代码执行结果如图 6-16 所示。

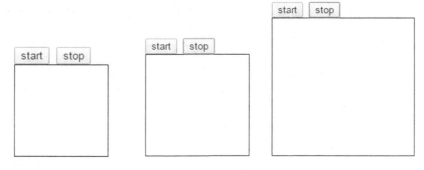

图 6-16 stop 按钮形成的动画悬停效果

通过执行效果可以发现，stop()可以在动画中的任意节点停止动画，此时再单击"start"按钮，会从停止的部分继续执行动画效果。这就是 stop()的使用。

6.3.4 动画队列

前面讲的动画效果，无论是特定的动画方法对应的动画效果，还是自定义动画效果，都是单一的动画效果，那么怎么一次实现多个动画效果呢？这时候可以有一个动画队列，队列里有多个动画效果，可能同时调用，也可能顺序调用，还可能每次都执行一点。

1. 累加、累减动画

累加、累减操作往往作用于数值的属性上，如{left: "500px"}，就是一个左移 500px 的操作，那么如果在 500px 之前添加一个"+="或者一个"-="，就说明对当前的一个位置做了一个 500px 的累加或累减操作。下面通过一个实例来介绍动画队列的操作。

实例 2：设计实现一个正方形，使用 animate() 自定义动画方法，实现每次单击就右移 300px 的动画效果。

实现代码如下：

```html
<html>
  <head>

    <title>动画队列</title>

    <style type="text/css">
        #panel{
            position:relative;/*有了这个属性值，就可以调整元素 left 属性，使元素动起来*/
            width:100px;
            height:100px;
            background:#FF359A;
            border:1px solid black;
            cursor:pointer
        }
    </style>

    <script type="text/javascript" src="js/jquery-1.11.1.js"></script>

    <script type="text/javascript">
        $(function(){
            $("#panel").click(function(){
                    $("#panel").animate({left:"300px"},3000);
            });
        });
    </script>
  </head>

  <body>
    <div id="panel"></div>
  </body>
</html>
```

代码执行结果如图 6-17 和图 6-18 所示。

图 6-17　执行移动动画前的界面

图 6-18　执行移动动画后的界面

此时，如果对图 6-18 所示的界面再次进行单击，不会再有移动效果。那么怎么实现每次单击都进行一次同样长度的移动效果呢？这时可以通过使用累加动画来进行操作。修改代码如下：

```javascript
<script type="text/javascript">
        $(function(){
            $("#panel").click(function(){
```

```
                                //累加执行右移动操作
                                $("#panel").animate({left:"+=300px"},3000);
                        });
                });
        </script></html>
```

此时，当正方形移动到图 6-18 所示的位置时，再次单击正方形，正方形会继续向右移动。

2. 同时执行多个动画

若是想在执行一个操作的同时执行多个动画效果，例如，实例 2 中，若想让正方形在向右移的同时变大，这时候就需要同时执行两种动画效果，那么如何来实现呢？下面看实现代码：

```
<script type="text/javascript">
        $(function(){
                $("#panel").click(function(){
                        //实现在移动的同时放大
                        $("#panel").click(function(){
                        $("#panel").animate({left:"300px",height:"200px"},1000);
                        });
                });
        });
</script>
```

代码执行结果如图 6-19 所示。

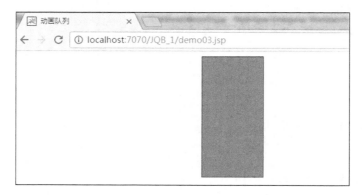

图 6-19　同时执行多个动画后的界面

可以发现对图 6-17 同时执行右移和放大的总和效果，就是图 6-19 所示的效果，形成了一个新的样式的界面。

3. 按顺序执行多个动画

前面实现了同时执行多个动画效果的样式，那么若想让图 6-19 所示的效果先右移到当前位置后，再进行放大的操作，就需要按顺序执行多个动画效果了。应该先执行右移的动画，执行完成后再执行放大效果的动画，下面看实现代码：

```
<script type="text/javascript">
        $(function(){
                $("#panel").click(function(){
                        $("#panel").animate({left:"300px"},1000);
                        $("#panel").animate({height:"200px"},1000);
                });
```

```
        });
</script>
```

代码执行结果如图 6-20 和图 6-21 所示。

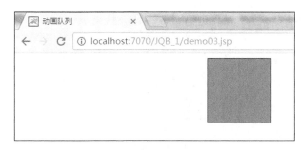

图 6-20　先执行右移动画后的界面

图 6-21　在移动后的位置处执行放大效果动画后的界面

对照同时执行多个动画所形成的效果与按顺序执行多个动画所形成的效果是一样的，但是执行的过程却是不同的。同时执行的时候是边移动边放大，顺序执行的时候是先移动后放大，这样就可以在一个动画中实现多个效果。

以上通过实例 2 介绍了常用的动画队列的形式，在真正的开发过程中，无论是单一的动画效果，还是动画队列的形式，只要能实现最终的动画效果，可以叠用多种方法。

本章小结

本章主要分两部分介绍了 jQuery 中的动画效果的操作。第一部分主要介绍了 jQuery 中已经确定好的一些动画方法，来进行特定的动画效果的实现；第二部分为自定义的动画效果的实现。读者需要熟练掌握这两部分内容，重点在于这些方法的适用情景、方法参数的选用。

习　　题

一、选择题

关于改变透明度动画效果，以下说法错误的是（　　　）。

　　A．fadeIn()和 fadeOut()通过改变元素透明度达到显示隐藏的效果

　　B．fadeIn()控制元素淡入，fadeOut()控制元素淡出

C. fadeIn()控制元素淡出，fadeOut()控制元素淡入

D. fadeInTo()可以改变元素的透明度到指定的某个 0～1 的值

二、程序填空题

按照下列要求，对图 6-22 所示界面进行修改，补充代码。

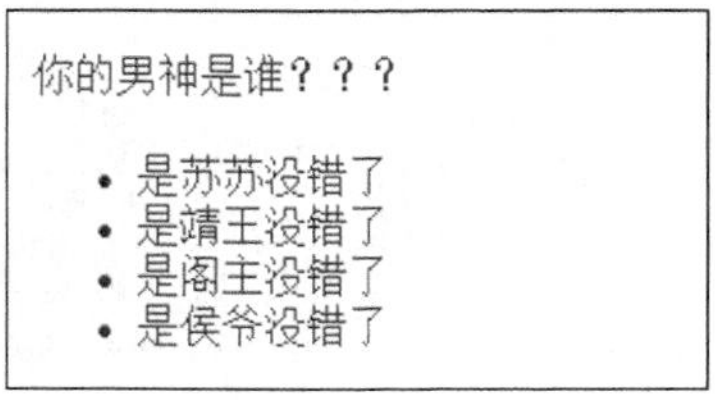

你的男神是谁？？？

- 是苏苏没错了
- 是靖王没错了
- 是阁主没错了
- 是侯爷没错了

图 6-22　界面效果

对应代码如下：

```
<body>
    <p id="question">你的男神是谁？？？</p>
    <ul>
        <li id="l1">是苏苏没错了</li>
        <li id="l2">是靖王没错了</li>
        <li id="l3">是阁主没错了</li>
        <li id="l4">是侯爷没错了</li>
    </ul>
</body>
```

（1）添加一条数据，内容为"是飞流没错了"；并将"是侯爷没错了"替换成"没有蒙大统领不能算男神团"，最终实现图 6-23 所示效果，请补全代码。

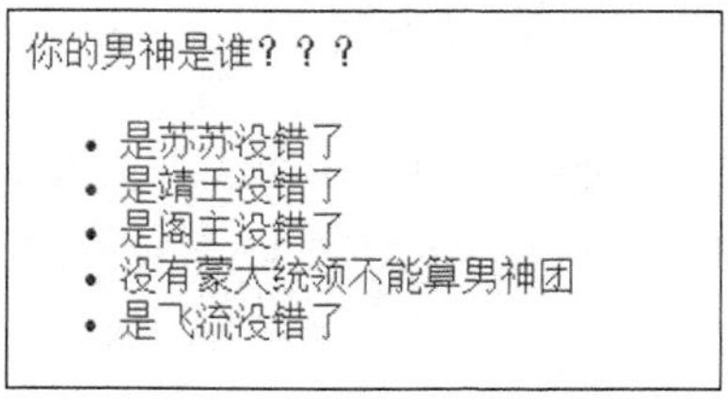

你的男神是谁？？？

- 是苏苏没错了
- 是靖王没错了
- 是阁主没错了
- 没有蒙大统领不能算男神团
- 是飞流没错了

图 6-23　界面效果

补全下列代码：

```
<script type="text/javascript" src="js/jquery-1.11.1.js"></script>
<script type="text/javascript">
    //添加文档就绪代码

    ①_____
    //创建属性节点 l5

    ②_____
    //把新创建的节点加入 ul 中

    ③_____
    //创建替换节点
```

④ _____

　　//替换节点 l4

⑤ _____
　　});
</script>

（2）对图 6-23 所示界面添加动画效果，当鼠标移动到"是苏苏没错了"上面的时候，该行内容变成红色底色，40px 放大字体，并且下面 3 条数据信息使用卷帘动画效果隐藏，当鼠标移开后，所有内容复原，请补全代码。

　　//当鼠标移动到第一个 li 上时触发改变效果

⑥ _____

　　　//当鼠标移动到第一个 li 上时添加样式

⑦ _____

　　　//隐藏下面 3 条数据信息

⑧ _____
　　}).mouseout(function(){
　　　　//当鼠标从第一个 li 上移开时修改样式

⑨_____

　　　//显示下面 3 条数据信息

⑩_____
　　});

三、编程题

实现如下动画效果：

　　用户单击图 6-24 所示页面左上角的左右箭头，控制视频展示的左右滚动。当单击向右箭头时，下面的展示图片会向右滚动隐藏，同时新的视频展示会以滚动方式显示出来。

　　在模拟这个效果之前，需要明确必须要做的操作。

（1）当视频展示内容处于最后一个版面的时候，如果再向后，则应该跳转到第一个版面。

（2）当视频展示内容处于第一个版面的时候，如果再向前，就应该跳转到最后一个版面。

（3）左上角 1、2、3、4 应该与动画一起切换，代表当前所处的版面。

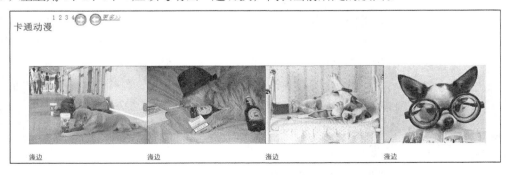

图 6-24　页面效果

07

第 7 章　Ajax 技术

学习目标

- 理解 Ajax 的含义
- 理解 Ajax 与传统 Web 的区别
- 理解 Ajax 的工作原理
- 掌握 Ajax 的开发过程
- 理解 GET 请求与 POST 请求的区别
- 理解同步请求、异步请求的区别

7.1　Ajax 简介

Ajax 简介

什么是 Ajax？通俗来说，它是允许浏览器与服务器通信而无须刷新当前页面的技术。但它并不是一项新技术，而是很多成熟技术的集合。它的全称是 Asynchronous JavaScript And XML（异步 JavaScript 和 XML），由杰西·詹姆斯·加勒特（Jesse James Garrett）于 2005 年提出，即用 JavaScript 执行异步网络请求。杰西·詹姆斯·加勒特提出这一新概念之后，沉睡了多年的技术"换上新衣"，变得"容光焕发"。

在 Web 最初发展的阶段，前端页面要想获取后台信息需要刷新整个页面，这是一个很糟糕的用户体验，而 Ajax 的出现正好解决了这一问题。

7.1.1　Ajax 与传统 Web 的区别

Ajax 与传统
Web 的区别

Ajax 的核心是 JavaScript 的 XMLHttpRequest 对象。Ajax 技术是通过浏览器中的内置对象 XMLHttpRequest 向服务器端发送异步的请求，实现前后台的交互，该请求不会影响用户其他操作。与传统 Web 开发相比，传统 Web 开发的网页（不使用 Ajax）如果需要更新内容，必须重载整个网页，即一次 HTTP 请求对应一个页面。我们可以通过实例 1 比较采用 Ajax 向服务器发送请求与传统 Web 开发模式发送页面请求的不同之处，体会 Ajax 的优势。

实例 1：写一个简单的用户登录界面，输入用户名，当单击"提交"按钮时，发送用户名到服务器端，服务器收到请求后返回欢迎页面（分别用传统的 Web 请求方式和 Ajax 请求方式实现）。

第一种实现方式：传统的 Web 请求（代码详见 demo01）。

客户端页面 Logion.html 代码如下：

```
<!DOCTYPE html>
<html>
  <head>
    <title>Login.html</title>

    <meta http-equiv="keywords" content="keyword1,keyword2,keyword3">
    <meta http-equiv="description" content="this is my page">
    <meta http-equiv="content-type" content="text/html; charset=UTF-8">
    <!--<link rel="stylesheet" type="text/css" href="./styles.css">-->
  </head>

  <body>
    <!--    传统 Web 方式发送请求 -->
   <form action="LoginSuccess.jsp">
   <input type="text" name="username" id="username"/>
   <input type="submit" value="提交(传统 Web 方式发送请求)">
   </form>
  </body>
</html>
```

选中 demo01 项目，鼠标右键单击选择"Run As"菜单中的子菜单命令"MyEclipse Application Server"，选中安装的 Tomcat，运行后，在浏览器地址栏输入图 7-1 所示地址栏中的地址并按 Enter 键，在浏览器中显示结果如图 7-1 所示，单击"提交"按钮后，运行结果如图 7-2 所示。

图 7-1　传统的 Web 请求运行界面

图 7-2　传统的 Web 请求单击"提交"按钮后运行的结果

第二种实现方式：发送 Ajax 请求（代码详见 demo01）。

客户端页面 LoginAjax.html 代码如下：

```
<!DOCTYPE html>
<html>
  <head>
    <title>MyHtml.html</title>

    <meta http-equiv="keywords" content="keyword1,keyword2,keyword3">
```

```html
    <meta http-equiv="description" content="this is my page">
    <meta http-equiv="content-type" content="text/html; charset=UTF-8">

    <!--<link rel="stylesheet" type="text/css" href="./styles.css">-->
    <script type="text/javascript">
        //自定义根据id获取对象的方法
            function $(id){
                return document.getElementById(id);
            }
            //创建Ajax对象
            var xmlhttp;
            try{
                xmlhttp= new ActiveXObject('Msxml2.XMLHTTP');//IE
            }catch(e){
                try{
                    xmlhttp= new ActiveXObject('Microsoft.XMLHTTP');//IE
                }catch(e){
                    try{
                        xmlhttp= new XMLHttpRequest();//
                    }catch(e){}
                }
            }
            //绑定回调函数
        xmlhttp.onreadystatechange=function(){
                if(xmlhttp.readyState==4){
                if(xmlhttp.status==200){
                    //服务器响应文本显示在div里
                        str = "<font color='red'>"+xmlhttp.responseText+"</font>";

                        $("msg").innerHTML = str;
                    }
                }
            }
        function sendAjax(){
                //创建Ajax请求
            xmlhttp.open("post","LoginSuccessAjax.jsp?username=" + $("usernameajax").
value);//用户名发送给服务器
            //发送Ajax请求
            xmlhttp.send(null);
        }
    </script>
  </head>

  <body>
  <!--    Ajax 发送请求 -->
  <input type="text" name="usernameajax" id="usernameajax"/><div id="msg"></div>
  <input type="submit" onclick="sendAjax();" value="提交(Ajax 发送请求)">

  </body>
</html>
```

选中 demo01 项目，鼠标右键单击选择"Run As"菜单中的子菜单命令"MyEclipse Application

Server"，选中安装的 Tomcat，运行后，在浏览器地址栏输入图 7-3 所示地址栏中的地址并按 Enter 键，在浏览器中显示结果如图 7-3 所示，单击"提交"按钮后，运行结果如图 7-4 所示。

图 7-3　Ajax 请求运行界面

图 7-4　Ajax 请求单击"提交"按钮后运行结果

从图 7-2 和图 7-4 程序运行结果来看，看不出传统 Web 请求模式与 Ajax 发送请求有什么明显区别，但是仔细观察一个 Web 请求模式中 form 的提交，就会发现，一旦用户单击"提交"按钮，表单开始提交，浏览器就会刷新页面，然后在新页面里告诉用户操作是成功还是失败。

如果觉得效果不够明显，可以将<form action="LoginSuccess.jsp"></form>表单中的 action 属性值设置为空，即<form action=" "></form>，然后单击"提交"按钮，表单开始提交，浏览器就会刷新页面。这就是传统 Web 的运作原理：一次 HTTP 请求对应一个页面，如图 7-5 所示，客户端向服务器发送一个请求，服务器返回整个页面，如此反复。而在 Ajax 模型中，数据在客户端与服务器之间独立传输，服务器不再返回整个页面，如图 7-6 所示。

总之，Ajax 提升了用户体验，使用户的操作更流畅；从技术方面来讲，Ajax 减少了带宽压力，提高了客户端与服务器端交互的能力。需要注意的是，要想更好地理解此处知识点，读者需要具有一定的 Java Web 开发基础或者其他语言的 Web 开发基础。

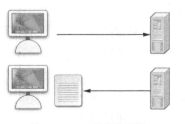

图 7-5　Web 的传统模型

图 7-6　Ajax 模型

7.1.2　Ajax 包含的技术

Ajax 包含的
技术

前面提到 Ajax 并不是一项新技术，而是多种技术的综合，包括 JavaScript、XHTML、CSS、DOM、XML 和 XMLHttpRequest 等。

（1）Ajax 程序需要某种格式化的格式在服务器和客户端之间传递信息，其中常见的 3 种数据格式为 HTML、XML、JSON。

（2）XHTML（Extended Hypertext Markup Language，使用扩展超媒体标记语言）和 CSS（Cascading Style Sheet，级联样式单）标准化呈现。

（3）DOM（Document Object Model，文档对象模型）实现动态显示和交互。

（4）使用 XMLHTTP 组件 XMLHttpRequest 对象进行异步数据读取，XMLHttpRequest 对象是实现 Ajax 的关键——发送异步请求、接收响应以及执行回调都是通过它来实现的。

（5）使用 JavaScript 绑定和处理所有数据。

7.1.3　Ajax 的优势与不足

Ajax 的优势

1. Ajax 的优势

（1）通过异步模式实现网页的局部刷新，提高了用户体验度。

（2）优化了浏览器和服务器之间的传输，减少不必要的数据往返，减少了带宽占用。

（3）Ajax 引擎在客户端运行，承担了一部分本来由服务器承担的工作，从而减少了大用户量下的服务器负载。

（4）基于标准化的并被广泛支持的技术，不需要下载插件或者小程序。

2. Ajax 的不足

（1）Ajax 不支持浏览器前进、后退按钮。

（2）安全问题，Ajax 暴露了与服务器交互的细节，存在一定的安全隐患。

（3）对搜索引擎的支持不足。

（4）破坏了程序的异常机制。

（5）不容易调试。

7.1.4　Ajax 的应用

Ajax 的应用

Google 分别在 2004 年和 2005 年先后发布了两款重量级的 Web 产品：Gmail 和 Google Map。这两款 Web 产品都大量使用了 Ajax 技术，最早大规模使用 Ajax 的 Gmail 的页面在首次加载后，剩下的所有数据都依赖于 Ajax 更新。不需要刷新页面就可以使前端与服务器进行网络通信，这虽然在今天看来是理所应当的，但是在十几年前，Ajax 却是一项革命性的技术，刷新了用户体验。

随着 Ajax 的流行，越来越多的网站使用 Ajax 动态获取数据，这使动态网页内容变成可能，像 Facebook 这样的社交网络开始变得繁荣，前端开发技术呈现出了欣欣向荣的局面。

目前，出现了很多使用 Ajax 的应用程序案例，如搜索引擎、用户名验证、观看视频或者论坛时的无刷新评论、股票行情查看页面等。

（1）使用 Ajax 能够创造出动态性极强的 Web 界面：当用户在搜索引擎的搜索框输入关键字时，JavaScript 会把这些字符发送到服务器，然后服务器会返回一个搜索建议的列表，如图 7-7 所示。

图 7-7　百度搜索界面

（2）无刷新验证用户名的唯一性，如图 7-8 所示。

图 7-8　验证用户名的唯一性

（3）观看视频或者论坛帖子时的无刷新评论，如图 7-9 和图 7-10 所示。

网易直播的视频播放界面如图 7-9 所示，右侧"聊天室"发表评论，并不影响左侧视频播放。

图 7-9　播放视频

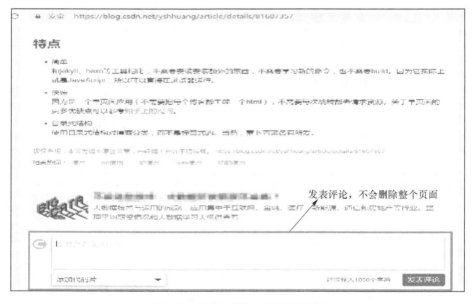

图 7-10　CSDN 博客中的无刷新评论

（4）有关股票信息的更新。

股票数据更新如图 7-11 所示，股票相关新闻的更新如图 7-12 所示。这些内容都用到了 Ajax 的
局部更新功能，提高了用户的体验度。

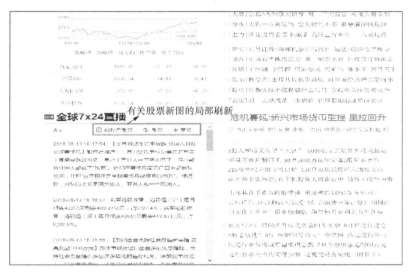

图 7-11　股票数据更新

图 7-12　股票相关新闻更新

7.2　Ajax 的工作原理

Ajax 的核心由 JavaScript、XmlHttpRequest、DOM 对象组成，通过 XmlHttpRequest 对象向服务器发异步请求，从服务器获得数据，然后用 JavaScript 操作 DOM 而更新页面。其中最关键的一步就是从服务器获得请求数据。图 7-13 所示为 Ajax 的工作原理。

图 7-13　Ajax 的工作原理

图 7-13 中步骤如下。

① 浏览器通过 XmlHttpRequest 对象向服务器请求数据。

② 浏览器继续执行其他操作。

③ XmlHttprequest 对象向服务器请求数据。

④ 服务器返回数据给 XmlHttpRequest 对象。

⑤ XmlHttpRequest 对象通知浏览器服务器端返回数据。

⑥ 浏览器收到 XmlHttpRequest 对象返回的数据并进行页面渲染。

7.3　Ajax 的开发过程

实现 Ajax 的关键是 XmlHttpRequest 对象，通过此对象可以实现发送异步请求、接收响应以及执行回调。

本节先来看一个完整的 JavaScript 的 XMLHttpRequest 对象发送 Ajax 请求的例子。

实例 2：用户名唯一性验证。

客户端界面代码如下（代码详见 demo02\WebRoot\index.jsp ）：

```
<%@ page language="java" import="java.util.*" pageEncoding="utf-8"%>
<%
String path = request.getContextPath();
String basePath =
request.getScheme()+"://"+request.getServerName()+":"+request.getServerPort()+
path+"/";
%>
<!DOCTYPE HTML PUBLIC "-//W3C//DTD HTML 4.01 Transitional//EN">
<html>
  <head>
    <base href="<%=basePath%>">
    <title>My JSP 'index.jsp' starting page</title>
    <meta http-equiv="pragma" content="no-cache">
    <meta http-equiv="cache-control" content="no-cache">
    <meta http-equiv="expires" content="0">
    <meta http-equiv="keywords" content="keyword1,keyword2,keyword3">
    <meta http-equiv="description" content="This is my page">
    <!--
    <link rel="stylesheet" type="text/css" href="styles.css">
    -->
<script type="text/javascript" src="userConfirm.js"></script>
  </head>
  <body>
    <form action="">
        <table  cellspacing="10">
            <tr>
            <td align="right">用户名</td>
            <td><input type="text" name="username" id="username" class="in"
onblur="sendAjax()"/></td>
            <td><div id="msg"></div></td>
            </tr>
            <tr>
            <td align="right">密码</td><td><input type="password"
name="userpwd" class="in"/>
```

```
                </td>
                <td></td>
                </tr>
                <tr>
                <td align="right">确认密码</td>
                <td><input type="password" class="in"/></td>
                <td></td>
                </tr>
                <tr>
                <td></td>
                <td><input type="submit" value="注册" class="bn"/></td>
                <td></td>
                </tr>
            </table>
        </form>
    </body>
</html>
```

注意：上面标注灰色背景的代码，属于新添加的代码。JavaScript 代码统一放在 userConfirm.js 文件中（代码详见 demo02\WebRoot\userConfirm.js）。

代码如下：

```
//声明一个空对象，用来装入 XMLHttpRequest 对象
var xmlhttp = null;
// 根据不同浏览器，返回不同的 xmlhttp 的实体对象
function CreateXMLHTTP() {
    if (window.XMLHttpRequest) {
        xmlhttp = new XMLHttpRequest();//
    } else {
        if (window.ActiveXObject) {
            xmlhttp = new ActiveXObject('Microsoft.XMLHTTP');
        } else {
            alert("xmlhttp 初始化错误");
        }
    }
}
function sendAjax() {
    // 根据不同浏览器，创建 xmlhttp 的实体对象
    CreateXMLHTTP();
    // 设置 Ajax 请求信息
    xmlhttp.open("post", "my.do?userName="
            + document.getElementById("username").value);// 用户名发送给服务器
    // 发送 Ajax 请求
    xmlhttp.send(null);
    // 绑定回调函数
    xmlhttp.onreadystatechange = function() {
        if (xmlhttp.readyState == 4) {
            if (xmlhttp.status == 200) {
                // 服务器响应文本显示在 div 里
                var str = "";
                if (xmlhttp.responseText == "good") {
                    str = "<font color='green'>恭喜你可以使用</font>";
                } else {
                    str = "<font color='red'>对不起已被占用</font>";
```

```
                    }
                        document.getElementById("msg").innerHTML = str;
                    }
                }
            }

    }
```

服务器端代码如下（代码详见 demo02\src\com\inspur\servlet）：

```java
package com.inspur.servlet;

import java.io.IOException;
import java.io.PrintWriter;

import javax.servlet.ServletException;
import javax.servlet.http.HttpServlet;
import javax.servlet.http.HttpServletRequest;
import javax.servlet.http.HttpServletResponse;

public class UserServlet extends HttpServlet {
    /**
     * The doPost method of the servlet. <br>
     *
     * This method is called when a form has its tag value method equals to post.
     *
     * @param request the request send by the client to the server
     * @param response the response send by the server to the client
     * @throws ServletException if an error occurred
     * @throws IOException if an error occurred
     */
    public void doPost(HttpServletRequest request, HttpServletResponse response)
            throws ServletException, IOException {
        request.setCharacterEncoding("UTF-8");
        response.setContentType("text/html;charset=UTF-8");
        PrintWriter out = response.getWriter();
        //获取 Ajax 发送过来的数据
        String name = request.getParameter("userName");
        //将 name 去数据库查询，这里省略，和"admin"比较模拟
        if("admin".equals(name)){
            //用户名重复
            out.write("bad");
        }else{
            //用户名不重复
            out.write("good");
        }
        //服务器已经做出响应了，不需要考虑跳转
    }
}
```

选中 demo02 项目，鼠标右键单击选择"Run As"菜单中的子菜单命令"MyEclipse Application Server"，选中安装的 Tomcat，运行后，在浏览器上显示运行结果，在用户名文本框中输入 admin，当文本框失去焦点的时候，进行用户名验证，运行结果如图 7-14 所示。在用户名文本框中输入其他名称，当文本框失去焦点的时候，进行用户名验证，运行结果如图 7-15 所示。

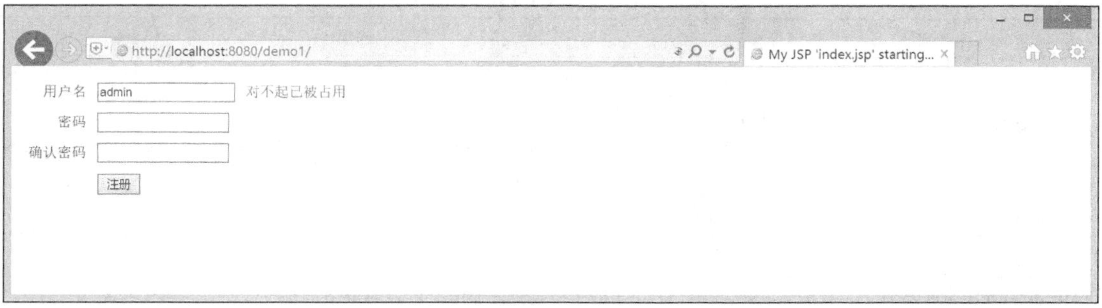

图 7-14　验证用户名的唯一性

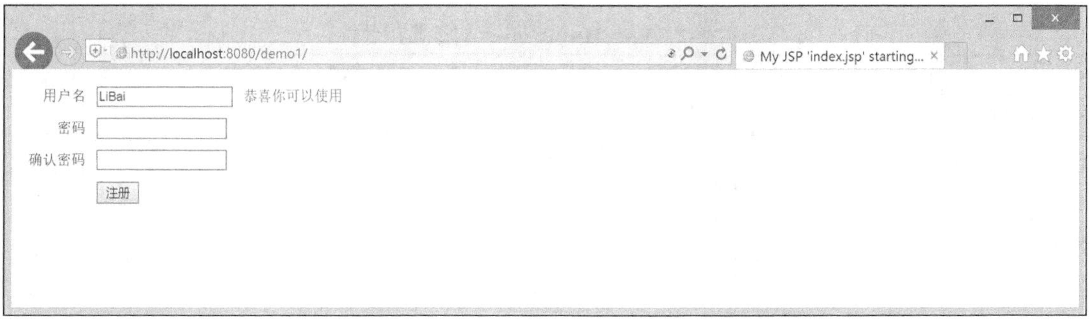

图 7-15　成功验证用户名的唯一性

通过实例 2 的演示，下面分步解析采用 Ajax 发送请求的每个开发步骤，基本步骤可以分 4 步：创建 XMLHttpRequset 对象、设置请求发送方式、发送 Ajax 请求、绑定回调函数。下面按照这 4 步分别进行详细解析。

（1）创建 XMLHttpRequset 对象

创建 XMLHttpRequset 对象

```
// 根据不同浏览器，返回不同的 xmlhttp 的实体对象
function CreateXMLHTTP() {
    if (window.XMLHttpRequest) {
        xmlhttp = new XMLHttpRequest();//
    } else {
        if (window.ActiveXObject) {
            xmlhttp = new ActiveXObject('Microsoft.XMLHTTP');
        } else {
            alert("xmlhttp 初始化错误");
        }
    }
}
```

上述代码中，变量 xmlhttp 有不同的实例化方式，主要与浏览器及浏览器版本有关系，像比较早期的浏览器 IE 5、IE 6 是以 ActiveXObject 方式引入 XMLHttpRequest 对象的，而其他的浏览器一般采用 XMLHttpRequest 实例化即可。因此通常使用 XMLHttpRequest 来实例化 xmlhttp 变量。这里讲到 XMLHttpRequst 对象，先把本节要用到的有关 XMLHttpRequest 对象的方法和属性列出来，如表 7-1 和表 7-2 所示。

表 7-1　XMLHttpRequest 对象常用方法

方法	描述
open(method,url,async,username,password)	method：一般为 GET 或者 POST。 url：相对 URL 或者绝对 URL。 async：这个参数若是 false，请求是同步的；这个参数若是 true 或省略，请求是异步的； username 和 password 参数是可选的，在本书中一般不设置
send(body)	向服务器发送一个 HTTP 请求
abort()	停止当前请求
getAllResponseHeaders()	把 HTTP 请求的所有响应首部作为键/值对返回
getResponseHeader("headerLabel")	返回指定首部的串值

表 7-2　XMLHttpRequest 对象常用属性

属性	描述
onreadystatechange	状态改变的事件触发器
readyState	对象状态（integer）： 0=未初始化； 1=读取中； 2=已读取； 3=交互中； 4=完成
responseText	服务器进程返回数据的文本版本
responseXML	服务器进程返回数据的兼容 DOM 的 XML 文档对象
status	服务器返回状态码，如 404 为"文件未找到"、200 为"成功"
statusText	服务器返回状态文本信息

（2）设置请求发送方式

```
function sendAjax() {
    // 根据不同浏览器，创建 xmlhttp 的实体对象
    CreateXMLHTTP();
    // 设置 Ajax 请求信息
    xmlhttp.open("post", "my.do?userName="
            + document.getElementById("username").value);// 用户名发送给服务器
    // 发送 Ajax 请求
    xmlhttp.send(null);
    // 绑定回调函数
    xmlhttp.onreadystatechange = function() {
        if (xmlhttp.readyState == 4) {
            if (xmlhttp.status == 200) {
                // 服务器响应文本显示在 div 里
                var str = "";
                if (xmlhttp.responseText == "good") {
                    str = "<font color='green'>恭喜你可以使用</font>";
                } else {
                    str = "<font color='red'>对不起已被占用</font>";
                }
```

设置请求发
送方式

```
                document.getElementById("msg").innerHTML = str;
            }
        }
    }
}
```

对象初始化成功后，使用 open()方法指定客户端向服务器端发送请求的一些设置信息，方法具体参数说明参见表 7-1。在客户端向服务器端发送请求时，open（method，url，async，username，password）方法的 method 参数通常可设置为 GET 或者 POST 这两种方式发送，那么什么是 GET？什么是 POST 呢？下面来具体介绍。

① GET 与 POST。

在客户端和服务器之间进行请求-响应时，两种最常被用到的方法是 GET 和 POST。GET 方式是指从指定的资源请求数据；POST 方式是向指定的资源提交要被处理的数据。这两种方式的具体区别如表 7-3 所示。

表 7–3　GET 与 POST 区别

项目	GET	POST
后退按钮/刷新	无害	数据会被重新提交（浏览器应该告知用户数据会被重新提交）
缓存	能被缓存	不能缓存
编码类型	application/x-www-form-urlencoded	application/x-www-form-urlencoded 或 multipart/form-data，为二进制数据使用多重编码
历史	参数保留在浏览器历史中	参数不会保存在浏览器历史中
对数据长度的限制	当发送数据时，GET 方法向 URL 添加数据；URL 的长度是受限制的（URL 的最大长度是 2048 个字符）	无限制
安全性	与 POST 相比，GET 的安全性较差，因为其发送的数据是 URL 的一部分。 在发送密码或其他敏感信息时不要使用 GET	POST 比 GET 更安全，因为参数不会被保存在浏览器历史或 Web 服务器日志中
可见性	数据在 URL 中对所有人都是可见的	数据不会显示在 URL 中

在 open（method，url，async，username，password）方法中，async 参数若是 false，请求是同步的；async 参数若是 true 或省略，请求是异步的。下面了解下什么是同步，什么是异步。

② 同步交互与异步交互。

同步过程：提交请求→等待服务器处理→处理完毕返回，这期间客户端浏览器不能做任何事。

异步过程：请求通过事件触发→服务器处理（这时浏览器仍然可以做其他事情）→处理完毕。

同步交互是指发送方发出数据后，等接收方发回响应以后才发下一个数据包的通信方式；异步交互是指发送方发出数据后，不等接收方发回响应，接着发送下一个数据包的通信方式。

通俗地讲，同步传输可以比喻为：你现在传输，我要亲眼看你传输完成，才去做别的事情。异步传输可以比喻为：你传输吧，我去做我的事了，传输完了告诉我一声。

注意：open()方法只是设置 HTTP 请求参数，如 URL 和 HTTP 等参数，但是并不发送请求，有很多初学者可能把 open()方法误认为是向服务器发送请求，真正向服务器端发送请求的方法为下面要介绍的 send()方法。

（3）发送 Ajax 请求

```
// 发送 Ajax 请求
    xmlhttp.send(null);
```

此方法用来发送 HTTP 请求，本书中例子通常设置为 null 即可。

（4）绑定回调函数

```
// 绑定回调函数
    xmlhttp.onreadystatechange = function() {
        if (xmlhttp.readyState == 4) {
            if (xmlhttp.status == 200) {
                // 服务器响应文本显示在 div 里
                var str = "";
                if (xmlhttp.responseText == "good") {
                    str = "<font color='green'>恭喜你可以使用</font>";
                } else {
                    str = "<font color='red'>对不起已被占用</font>";
                }
                document.getElementById("msg").innerHTML = str;
            }
        }
    }
```

onreadystatechange 事件处理函数由服务器触发，不是用户；在 Ajax 执行过程中，服务器会通知客户端当前通信状态。这依靠更新 XMLHttpRequest 对象的 readyState 来实现。改变 readyState 属性是服务器对客户端连接操作的一种方式。每次 readyState 属性的改变都会触发 readystatechange 事件。

客户端处理服务器端响应消息前，首先要检查 XMLHttpRequest 对象的 readyState 值，判断请求目前的状态。参照前文属性表可以知道，readyState 值为 4 的时候，代表服务器已经传回所有的信息，可以开始处理信息并更新页面内容了。代码如下：

```
if (xmlhttp.readyState == 4) {
// 信息已经返回可以开始处理
}
else{
    // 信息还没有返回，等待
}
```

其次，服务器返回信息后，还需要判断返回的 HTTP 状态码，确定返回的页面没有错误。所有的状态码都可以在 W3C 的官方网站上查到。其中，状态码 200 代表页面正常。相关代码如下：

```
if (xmlhttp.status == 200) {
// 页面正常，可以开始处理信息
} else {
    // 页面有问题
}
```

XMLHttpRequest 对象对服务器成功返回的信息有以下两种处理方式。

① responseText 属性：将传回的信息当作字符串使用，相关代码如下，此处服务器传回来的消

息为字符串:

```
// 服务器响应文本显示在 div 里
var str = "";
if (xmlhttp.responseText == "good") {
str = "<font color='green'>恭喜你可以使用</font>";
} else {
str = "<font color='red'>对不起已被占用</font>";
}
document.getElementById("msg").innerHTML = str;
```

② responseXML 属性:将传回的信息当作 XML 文档使用,可以用 DOM 处理。

本章小结

本章介绍了 Ajax 的含义、Ajax 与传统 Web 的区别,Ajax 的工作原理、Ajax 包含的技术及其用到的核心对象——XMLHttpRequest 对象等。其中对 XMLHttpRequest 对象的常用方法和属性进行了详细说明,并通过实例演示了 Ajax 具体的开发过程。读者需重点掌握 Ajax 的含义、Ajax 与传统 Web 的区别、Ajax 的开发过程。

习　　题

一、选择题

1. 从创建一个 XMLHttpRequest 对象开始,到成功接收到服务器响应结束,onreadystatechange 事件一共触发(　　)次。

　　A. 2　　　　　　　　B. 3　　　　　　　　C. 4　　　　　　　　D. 5

2. Ajax 技术不是全新的技术,它是整合了除(　　)以外的三项技术的新的应用方式。

　　A. XML　　　　　　B. DWR　　　　　　C. CSS　　　　　　　D. JavaScript

3. 在 Web 技术中,"无刷新"技术实现了在必要的时候只要更新页面的一小部分,而不是整个页面,使用这一技术有很多优势,除了(　　)。

　　A. 节省网络带宽资源　　　　　　　　　　B. 提供连续的用户体验

　　C. 催生新的交互方式　　　　　　　　　　D. 便于搜索引擎索引页面内容

4. 使用 XMLHttpRequest 发送请求不包括(　　)步骤。

　　A. 直接扩展 jQuery 函数　　　　　　　　B. 创建 XMLHttpRequest 对象

　　C. 设置回调函数　　　　　　　　　　　　D. 使用 send()方法发送请求

5. 在 Ajax 的技术中,控制通信的是(　　)。

　　A. DOM　　　　　　　　　　　　　　　　B. CSS

　　C. JavaScript　　　　　　　　　　　　　　D. XMLHttpRequest

6. 在处理应答中,如果要以文本的方式处理,需要在参数表中放置 XMLHttpRequest 对象的(　　)属性。

　　A. xhr.responseText　　　　　　　　　　　B. xhr.responseXML

     C．xhr.requestText   D．xhr.requestXML

 7．在处理应答中，如果要处理 XML 文档，需要在参数表中放置 XMLHttpRequest 对象的（　　）属性。

  A．xhr.responseText   B．xhr.responseXML

  C．xhr.requestText   D．xhr.requestXML

 8．xhr.status==200 表示（　　）。

  A．表示错误   B．表示找不到资源文件

  C．表示成功   D．表示请求重定向

 9．xhr.status==404 表示（　　）。

  A．表示错误   B．表示找不到资源文件

  C．表示成功   D．表示请求重定向

 10．XMLHttpRequest 对象的 readyState 状态，xhr.readyState==4 表示（　　）。

  A．全部取完   B．正在 load

  C．已经完成   D．未初始化

  E．正在交互

二、简答题

1．简述同步交互、异步交互的含义。

2．简述 Ajax 的开发步骤。

3．Ajax 包含的技术有哪些？

三、编程题

 1．发送异步请求，实现用户名信息的服务端的校验，假设目前只有一个用户信息 zhangsan，如图 7-16 所示。当用户名文本框失去焦点的时候进行用户名的校验。

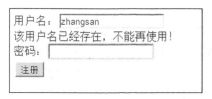

图 7-16　实现效果

 2．发送异步请求，在页面上完成下拉框的级联效果（省市级联，实现两级联动即可）。

 3．模仿 Google Suggest，当在搜索框输入关键字时，JavaScript 会把这些字符发送到服务器，然后服务器会返回一个搜索建议的列表。

 4．实现无刷新显示回帖实例。

08 第 8 章 jQuery 中的 Ajax 应用

学习目标
- 理解使用 jQuery 实现 Ajax 的优点
- 掌握 ajax()方法的应用
- 掌握 Ajax 简单方法的使用
- 掌握序列化方法的应用

jQuery 中的
Ajax

8.1 jQuery 中的 Ajax

前面讲的 Ajax 技术是采用传统 JavaScript 方法，基于 XMLHttpRequest 对象实现的。但是用 JavaScript 写 Ajax 比较麻烦，不同浏览器需要写不同代码，并且状态和错误处理写起来很麻烦。而使用 jQuery 来实现 Ajax，不但不需要考虑浏览器问题，代码也能大大简化，极大地提高了开发效率。本章将重点介绍 jQuery 提供的这些方法。

8.2 ajax()方法

jQuery 提供了许多与 Ajax 相关的便捷方法，但 ajax()方法是所有这些方法的核心，语法简单易于阅读，所以掌握 ajax()方法是很有必要的。在软件开发过程中，经常会用到 ajax()方法，它是使用频率比较高的发送 Ajax 请求的方法。

其语法格式如下：

```
jQuery.ajax([settings])
```

其中，参数 settings 为配置 Ajax 请求的一系列键值对。具体参数说明如表 8-1 所示。

表 8-1 ajax()方法参数说明

参数名	类型	描述
url	String	（默认：当前页地址）发送请求的地址
type	String	请求方式（"POST"或"GET"），默认为"GET"
timeout	Number	设置请求超时时间（ms）。该设置将覆盖全局设置$.ajaxSetup()

参数名	类型	描述
async	Boolean	（默认：true）默认设置下，所有请求均为异步请求。如果需要发送同步请求，请将此选项设置为 false。注意，同步请求将锁住浏览器，用户其他操作必须等待请求完成才可以执行
beforeSend	Function	发送请求前可修改 jqXHR 对象的函数，jqXHR 对象是其唯一的参数（在 jQuery 1.4.x 中为 XMLHttpRequest 对象）。该函数为一个事件，如果函数返回 false，则表示取消本次事件。从 jQuery 1.5 开始，无论 beforeSend 请求的类型如何，都将调用该选项
cache	Boolean	（默认：true）设置为 false 将不会从浏览器缓存中加载请求信息
complete	Function	请求完成后的回调函数，无论请求成功或失败时均会调用。其中有两个参数，一个是 jqXHR 对象，另一个为状态信息字符串
contentType	String	发送信息至服务器时内容编码类型。默认值适合大多数应用场合
data	Object, String	发送到服务器的数据。将自动转换为请求字符串格式。GET 请求将附加在 URL 后。如 {foo:["bar1", "bar2"]} 转换为'&foo=bar1&foo=bar2'
dataType	String	预期服务器返回的数据类型。如果不指定，jQuery 将自动根据 HTTP 包 MIME 信息返回 responseXML 或 responseText，并作为回调函数参数传递，可用值： ① "xml"：返回 XML 文档，可用 jQuery 处理。 ② "html "：返回纯文本 HTML 信息；包含 script 元素。 ③ "script"：返回纯文本 JavaScript 代码。不会自动缓存结果。 ④ "json"：返回 JSON 数据。 ⑤ "jsonp"：JSONP 格式

error	Function	（默认：自动判断（xml 或 html））请求失败时将调用此方法。这个方法有 3 个参数：jqXHR 对象、错误信息、（可能）捕获的错误对象。
		    function(jqXHR,textStatus,errorThrown) { //通常 textStatus 和 errorThown 只有其中一个有值
		    this; //调用本次 Ajax 请求时传递的 options 参数
		    }

global	Boolean	（默认：true）是否触发全局 Ajax 事件。设置为 false 将不会触发全局 Ajax 事件
ifModified	Boolean	（默认：false）仅在服务器数据改变时获取新数据。使用 HTTP 包 Last-Modified 头信息判断
processData	Boolean	（默认：true）默认情况下，发送的数据将被转换为对象（技术上讲并非字符串）以配合默认内容类型 "application/x-www-form-urlencoded"。如果要发送 DOM 树信息或其他不希望转换的信息，请设置为 false

success	Function	请求成功后回调函数。这个方法有服务器返回数据和返回状态两个参数：
		    function (data, textStatus) {
		    // data 可能是 xmlDoc、jsonObj、html、text 等
		    this; //调用本次 Ajax 请求时传递的 options 参数
		    }

实例 1：加载并执行一个 js 文件，具体源代码详见 AjaxDemo01。

jQuery 主要代码如下：

```
<script type="text/javascript">
    $(function() {
        $("#Button1").click(function() { //按钮单击事件
            //打开已获取返回数据的文件
            //$.getScript("UserInfo.js");
            $.ajax({
```

```
            type : "GET",
            url : "test.js",
            dataType : "script"
        });
    });
});
</script>
```

test.js 文件代码如下:

```
var data = [
  {
      "bookname": "《史记·李将军列传》",
      "author": "司马迁",
      "saying": "桃李不言,下自成蹊。"
  },
  {
      "bookname": "《诗经·周南·桃夭》",
      "author": "佚名",
      "saying": "桃之夭夭，灼灼其华"
  }
];

var strHTML = ""; //初始化保存内容变量
$.each(data, function() { //遍历获取的数据
    strHTML += "书名: " + this["bookname"] + "<br>";
    strHTML += "作者: " + this["author"] + "<br>";
    strHTML += "名句: " + this["saying"] + "<hr>";
})
$("#divTip").html(strHTML); //显示处理后的数据
```

选中 AjaxDemo01 项目，鼠标右键单击选择"Run As"菜单中的子菜单命令"MyEclipse Server Application"，运行后，代码执行结果如图 8-1 所示。

图 8-1　实例 1 代码执行结果

实例 2：保存数据到服务器，成功时显示信息。具体源代码详见 AjaxDemo02。

jQuery 代码如下:

```
<%@ page language="java" import="java.util.*" pageEncoding="utf-8"%>
<%
    String path = request.getContextPath();
```

```
        String basePath = request.getScheme() + "://"
                + request.getServerName() + ":" + request.getServerPort()
                + path + "/";
%>
<!DOCTYPE HTML PUBLIC "-//W3C//DTD HTML 4.01 Transitional//EN">
<html>
<head>
<base href="<%=basePath%>">

<title>My JSP 'index.jsp' starting page</title>
<meta http-equiv="pragma" content="no-cache">
<meta http-equiv="cache-control" content="no-cache">
<meta http-equiv="expires" content="0">
<meta http-equiv="keywords" content="keyword1,keyword2,keyword3">
<meta http-equiv="description" content="This is my page">
<!--
    <link rel="stylesheet" type="text/css" href="styles.css">
    -->

<script type="text/javascript" src="js/jquery-3.3.1.js"></script>
<script type="text/javascript">
    $(function() {

        $("#btnSave").click(function() {
            $.ajax({
                type : "POST",
                url : "userInfoServlet.do",
                dataType : "text",
                data : {
                    "name": $("#userName").val(),
                    "location":$("#address").val()
                },
                success : function(msg) {
                    alert(msg);
                }
            });
        });

    });
</script>
</head>

<body>
    <table width="32%" height="81" border="1" align="center"
        cellpadding="0" cellspacing="0">
        <tr>
            <td width="27%" align="left">用户名: </td>
            <td width="73%" align="left"><input type="text" id="userName">
            </td>
        </tr>
        <tr>
            <td align="left">地址: </td>
            <td align="left"><input type="text" id="address">
            </td>
        </tr>
```

```
        <tr>
            <td colspan="2" align="center"><input type="button" id="btnSave"
                value="提交">
            </td>
        </tr>
    </table>
</body>
</html>
```

web.xml 代码如下：

```
<?xml version="1.0" encoding="UTF-8"?>
<web-app version="2.5"
    xmlns="http://java.sun.com/xml/ns/javaee"
    xmlns:xsi="http://www.w3.org/2001/XMLSchema-instance"
    xsi:schemaLocation="http://java.sun.com/xml/ns/javaee
    http://java.sun.com/xml/ns/javaee/web-app_2_5.xsd">
  <display-name></display-name>
  <welcome-file-list>
    <welcome-file>index.jsp</welcome-file>
  </welcome-file-list>
    <servlet>
        <servlet-name>UserInfoServlet</servlet-name>
        <servlet-class>com.inspur.servlet.UserInfoServlet</servlet-class>
    </servlet>
    <servlet-mapping>
        <servlet-name>UserInfoServlet</servlet-name>
        <url-pattern>/userInfoServlet.do</url-pattern>
    </servlet-mapping>
</web-app>
```

主要后台代码，UserInfoServlet.java 文件如下：

```
public class UserInfoServlet extends HttpServlet {
    public void doPost(HttpServletRequest request, HttpServletResponse response)
            throws ServletException, IOException {
        request.setCharacterEncoding("UTF-8");
        // 获取 Ajax 发送过来的数据
        String name = request.getParameter("name");
        String location = request.getParameter("location");

        // 将 name、location 变量值保存数据库，此处省略保存数据库部分代码
        // ......
        //给客户端响应
        response.setContentType("text/html;charset=UTF-8");
        PrintWriter out = response.getWriter();
        out.write("欢迎来自 " + location + " " + name);

    }
}
```

选中 AjaxDemo02 项目，鼠标右键单击选择 "Run As" 菜单中的子菜单命令 "MyEclipse Server Application"，运行后，代码执行结果如图 8-2 所示。

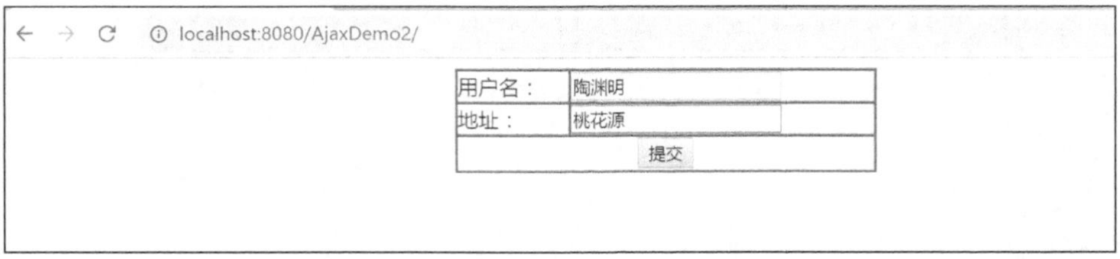

图 8-2　实例 2 代码执行结果

　　单击"提交"按钮后，将用户名、地址信息提交给后台，后台服务器接收到前端发送的消息，处理完消息后给客户端一个响应，客户端收到服务器端的响应，并在提示框中显示处理，执行结果如图 8-3 所示。

图 8-3　实例 2 代码执行结果

实例 3：装入一个 HTML 网页最新版本。具体源代码详见 **AjaxDemo03**。

jQuery 代码如下：

```html
<head>
<base href="<%=basePath%>">
<title>装入一个 HTML 网页最新版本</title>
<meta http-equiv="pragma" content="no-cache">
<meta http-equiv="cache-control" content="no-cache">
<meta http-equiv="expires" content="0">
<meta http-equiv="keywords" content="keyword1,keyword2,keyword3">
<meta http-equiv="description" content="This is my page">
<!--
    <link rel="stylesheet" type="text/css" href="styles.css">
    -->
<script type="text/javascript" src="js/jquery-3.3.1.js"></script>
<script type="text/javascript">
    $(function() {
        $("#Button1").click(function() { //按钮单击事件
            //$("#divTip").load("temp.html"); //load()方法加载数据

            $.ajax({
                url : "temp.html",
                cache : false,
                success : function(html) {
                    $("#divTip").append(html);
                }
            });
        });
    });
```

```
</script>
</head>

<body>
    <div class="divFrame">
        <div class="divTitle">
            <input id="Button1" type="button" class="btn" value="加载 HTML" />
        </div>
        <div class="divContent">
            <div id="divTip"></div>
        </div>
    </div>
</body>
</html>
```

Temp.html 代码如下：

```
<div class="clsShow">I am a new HTML Page</div>
```

选中 AjaxDemo03 项目，鼠标右键单击选择"Run As"菜单中的子菜单命令"MyEclipse Server Application"，运行后，代码执行结果如图 8-4 所示。

图 8-4　实例 3 代码执行结果

单击"加载 HTML"按钮后，客户端从服务器端加载了 Temp.html 页面代码，并且添加到当前浏览器界面，代码执行结果如图 8-5 所示。

图 8-5　实例 3 代码执行结果

实例 4：同步加载数据。发送请求时需要锁定用户交互操作，使用同步方式。具体源代码详见 AjaxDemo04。

jQuery 代码如下：

```
<script type="text/javascript" src="js/jquery-3.3.1.js"></script>
<script type="text/javascript">
    $(function() {
        $("#btnLoad").click(function() {
            $.ajax({
                type : "POST",
                url : "syncServlet.do",
                dataType : "text",
                async: false,
                data : {
                    "msg" : "delay"
```

153

```
                            },
                            success : function(msg) {
                                alert(msg);
                            }
                        });
                });
        });
</script>
```

Web.xml 代码如下：

```xml
<?xml version="1.0" encoding="UTF-8"?>
<web-app xmlns:xsi="http://www.w3.org/2001/XMLSchema-instance"
xmlns="http://java.sun.com/xml/ns/javaee"
xmlns:web="http://java.sun.com/xml/ns/javaee/web-app_2_5.xsd"
xsi:schemaLocation="http://java.sun.com/xml/ns/javaee
http://java.sun.com/xml/ns/javaee/web-app_2_5.xsd" version="2.5">
  <display-name></display-name>
  <welcome-file-list>
    <welcome-file>index.jsp</welcome-file>
  </welcome-file-list>
    <servlet>
        <servlet-name>SyncServlet</servlet-name>
        <servlet-class>com.inspur.servlet.SyncServlet</servlet-class>
    </servlet>
    <servlet-mapping>
        <servlet-name>SyncServlet</servlet-name>
        <url-pattern>/syncServlet.do</url-pattern>
    </servlet-mapping>
</web-app>
```

主要后台代码如下：

```java
package com.inspur.servlet;
import java.io.IOException;
import java.io.PrintWriter;
import javax.servlet.ServletException;
import javax.servlet.http.HttpServlet;
import javax.servlet.http.HttpServletRequest;
import javax.servlet.http.HttpServletResponse;

public class SyncServlet extends HttpServlet {
    public void doPost(HttpServletRequest request, HttpServletResponse response)
            throws ServletException, IOException {
        request.setCharacterEncoding("UTF-8");
        // 获取 Ajax 发送过来的数据
        String msg = request.getParameter("msg");

        try {
            Thread.sleep(6000);
        } catch (InterruptedException e) {
            // TODO Auto-generated catch block
            e.printStackTrace();
        }
        //给客户端响应
        response.setContentType("text/html;charset=UTF-8");
        PrintWriter out = response.getWriter();
```

```
        out.write(msg+"6s");

    }
}
```

选中 AjaxDemo04 项目，鼠标右键单击选择"Run As"菜单中的子菜单命令"MyEclipse Server Application"，运行后，代码执行结果如图 8-6 所示。

图 8-6 实例 4 代码执行结果

注意：ajax()方法中 async:false 发送同步 Ajax 请求，当"同步加载数据"按钮被单击后，需要等待 6s 后"同步加载数据"按钮才能再次被单击。

实例 5：异步加载数据。具体源代码详见 AjaxDemo05。

主要 jQuery 代码如下：

```
<script type="text/javascript">
    $(function() {
        $("#btnLoad").click(function() {
                    $.ajax({
                        type : "POST",
                        url : "asyncServlet.do",
                        dataType : "text",
                        async: true,
                        data : {
                            "msg" : "delay"
                        },
                        success : function(msg) {
                            alert(msg);
                        }
                    });
        });
    });
</script>
```

其余部分代码（web.xml、服务器后台代码）与实例 4 类似，此处不再罗列。

选中 AjaxDemo05 项目，鼠标右键单击选择"Run As"菜单中的子菜单命令"MyEclipse Server Application"，运行后，代码执行结果如图 8-7 所示。

图 8-7 实例 5 代码执行结果

注意：此处 jQuery 代码与实例 4 中的 jQuery 代码的不同之处是，async 属性设置为 true，即设置为异步发送请求。

当单击"异步加载数据"按钮后，可以连续单击，不需要等待 6s。通过上述两个例子，读者可以理解同步请求与异步请求的不同之处。

8.3 简单方法

本节介绍一些简单的方法，都是对 ajax()方法进行封装实现的，以方便用户使用。这些方法如表 8-2 所示。

表 8-2 简单方法说明

方法	说明
get()	使用 GET 请求从服务器加载数据
getJSON()	使用 GET 方式从服务器加载 JSON 编码的数据
getScript()	使用 GET HTTP 请求从服务器加载 JavaScript 文件，然后执行
post()	使用 HTTP POST 请求从服务器加载数据
load()	从服务器加载数据并将返回的 HTML 放入匹配的元素中

8.3.1 get()方法

get()方法是一个简单的采用 GET 方式向服务器端发送请求的方法，它取代了复杂的 ajax()方法，请求成功时可调用回调函数。如果需要在出错时执行函数就使用 ajax()方法。get()方法语法格式如下：

```
jQuery.get(url [,data] [,success] [,dataType])
```

其参数说明如表 8-3 所示。

表 8-3 get()方法参数说明

参数名称	类型	说明
url	String	包含发送请求的 URL 的字符串
data	PlainObject 或 String	（可选参数）与请求一起发送到服务器的 PlainObject 或字符串。其中 PlainObject 指的是包含 0 个或多个键/值对的 JavaScript 对象
success	Function	（可选参数）如果请求成功则执行的回调函数
dataType	String	（可选参数）服务器端返回的数据类型，包含 xml、json、script、text、html

get()方法使用示例如下。

（1）请求 test.js 文件，但忽略返回结果。

```
$.get( "test.js" );
```

（2）请求 test.jsp 页面并发送一些其他数据（同时仍然忽略返回结果）。

```
$.get( "test.jsp", { name: "John", time: "2pm" } );
```

（3）将数据数组传递给服务器（同时仍然忽略返回结果）。

```
$.get( "test.jsp", { "choices[]": ["Jon", "Susan"] } );
```

（4）请求 test.jsp（HTML 或 XML，具体取决于返回的内容）的结果。

```
$.get( "test.jsp", function( data ) {
  alert( "Data Loaded: " + data );
});
```

（5）通过额外的数据有效负载（HTML 或 XML，取决于返回的内容）来请求 test.jsp 的结果。

```
$.get( "test.jsp", { name: "John", time: "2pm" } )
  .done(function( data ) {
    alert( "Data Loaded: " + data );
  });
```

（6）获取以 JSON 格式返回的内容，并添加它到页面。

```
$.get( "test.php", function( data ) {
  $( "body" )
    .append( "Name: " + data.name )
    .append( "Time: " + data.time );
}, "json" );
```

8.3.2　getJSON()方法

getJSON()
方法

使用 GET 请求从服务器加载 JSON 编码的数据。getJSON()方法的语法格式如下：

```
jQuery.getJSON(url [,data] [,success])
```

其参数说明如表 8-4 所示。

表 8-4　getJSON()方法参数说明

参数名称	类型	说明
url	String	包含发送请求的 URL 的字符串
data	PlainObject 或 String	（可选参数）与请求一起发送到服务器的 PlainObject 或字符串。其中 PlainObject 指的是包含 0 个或多个键/值对的 JavaScript 对象
success	Function	（可选参数）如果请求成功则执行的回调函数

此方法等效于如下方法：

```
$.ajax({
  dataType: "json",
  url: url,
  data: data,
  success: success
});
```

实例 6：采用 GET 方式获取 JSON 格式文件，并将内容显示到页面（代码详见 AjaxDemo06）。

（1）test.json 文件格式如下：

```
{
  "one": "OneValue",
  "two": "TwoValue",
```

```
        "three": "ThreeValue"
    }
```

（2）发送请求的关键代码如下：

```
<script type="text/javascript">
    $(function() {
        $.getJSON("test.json", function(data) {
            var items = [];
            $.each(data, function(key, val) {
                items.push("<li id='" + key + "'>" + val + "</li>");
            });
            $("<ul/>", {
                "class" : "my-new-list",
                "html" : items.join("")
            }).appendTo("body");
        });
    });
</script>
```

代码执行结果如图 8-8 所示。

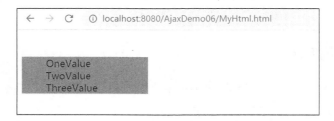

图 8-8　实例 6 代码执行结果

8.3.3　getScript()方法

使用 GET 请求从服务器加载 JavaScript 文件，然后执行。getScript()方法语法格式如下：

```
jQuery.getScript(url [,success])
```

getScript()
方法

其中，参数 url 表示包含发送请求的 URL 的字符串；参数 success 表示如果请求成功则执行的回调函数。getScript()方法等效于如下方法：

```
$.ajax({
  url: url,
  dataType: "script",
  success: success
});
```

实例 7：采用 GET 方式获取 JavaScript 格式文件，并将内容显示到页面（代码详见 AjaxDemo07）。

test.js 页面代码如下：

```
var data = [
  {
      "bookname": "《史记·李将军列传》",
      "author": "司马迁",
```

```
        "saying": "桃李不言,下自成蹊。"
    },
    {
        "bookname": "《诗经·周南·桃夭》",
        "author": "佚名",
        "saying": "桃之夭夭, 灼灼其华"
    }
];
var strHTML = ""; //初始化保存内容变量
$.each(data, function() { //遍历获取的数据
    strHTML += "书名: " + this["bookname"] + "<br>";
    strHTML += "作者: " + this["author"] + "<br>";
    strHTML += "名句: " + this["saying"] + "<hr>";
})
$("#divTip").html(strHTML); //显示处理后的数据
```

发送请求的关键代码如下:

```
<script type="text/javascript">
    $(function() {
        $("#Button1").click(function() { //按钮单击事件
            //打开已获取返回数据的文件
            //$.getScript("UserInfo.js");
            $.ajax({
                type : "GET",
                url : "test.js",
                dataType : "script"
            });
        });
    });
</script>
```

代码执行结果如图 8-9 所示。

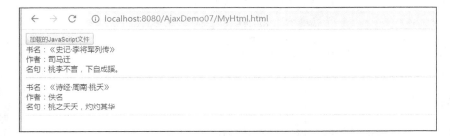

图 8-9　实例 7 代码执行结果

8.3.4　post()方法

使用 POST 请求从服务器加载数据。post()方法语法格式如下:

```
jQuery.post(url [,data] [,success] [,dataType])
```

其参数说明与 get()方法一样,此处不再重复。post()方法等效于如下方法:

159

```
$.ajax({
  type: "POST",
  url: url,
  data: data,
  success: success,
  dataType: dataType
});
```

使用示例如下。

（1）请求 test.jsp 页面，但忽略返回结果。

```
$.post(test.jsp)
```

（2）请求 test.jsp 页面并发送一些其他数据（忽略返回结果）。

```
$.post( "test.jsp", { name: "John", time: "2pm" } );
```

（3）将数据数组传递给服务器（忽略返回结果）。

```
$.post( "test.jsp", { 'choices[]': [ "Jon", "Susan" ] } );
```

（4）使用 Ajax 请求发送表单数据。

```
$.post( "test.jsp", $( "#testform" ).serialize() );
```

（5）请求 test.jsp（HTML 或 XML，具体取决于返回的内容）的结果。

```
$.post( "test.jsp", function( data ) {
  alert( "Data Loaded: " + data );
});
```

（6）通过额外的数据有效负载（HTML 或 XML，具体取决于返回的内容）来请求 test.jsp 的结果。

```
$.post( "test.jsp", { name: "John", time: "2pm" })
  .done(function( data ) {
    alert( "Data Loaded: " + data );
  });
```

（7）发布到 test.jsp 页面并获取以 JSON 格式返回的内容。

```
$.post( "test.jsp", { func: "getNameAndTime" }, function( data ) {
  console.log( data.name ); // John
  console.log( data.time ); // 2pm
}, "json");
```

8.3.5　load()方法

load()方法

load()方法从服务器加载数据并将返回的 HTML 放入匹配的元素中。它是一个简单而强大的 Ajax 方法。load()方法的语法格式如下：

```
$(selector).load(url [,data] [,complete])
```

其中，参数 url 为必需的，表示包含发送请求的 URL 的字符串；参数 data 为可选的，表示与请求一起发送到服务器的键/值对集合或字符串。参数 complete 为可选的，表示如果请求成功则执行的回调函数。load()方法大致等效于如下方法：$.get(url,data,success)，只是 load()方法不是全局函数。

load()方法有一个隐式回调函数。当检测到响应成功时，load()方法将匹配元素的 HTML 内容设置为返回的数据。这意味着该方法的大多数用法都非常简单：

```
$("#result").load( "ajax/test.html" );
```

如果选择器没有匹配任何元素，在这种情况下，如果文档不包含 id ="result"的元素，则不会发送 Ajax 请求。

实例 8：有 load01.html 和 loadTemp01.html 两个页面，把 loadTemp01.html 页面内容加载到 load01.html 页面的 div 元素内和选择器选择 loadTemp01.html 内的 h2 元素加载到 load01.html 页面的 div 元素内。

loadTemp01.html 页面代码如下：

```
<h1>load() one</h1>
<h2>load() two</h2>
<h3>load() three</h3>
<h4>load() four</h4>
```

load01.html 页面代码如下：

```
<!DOCTYPE html>
<html>
<head>
<title>load.html</title>
<meta http-equiv="keywords" content="keyword1,keyword2,keyword3">
<meta http-equiv="description" content="this is my page">
<meta http-equiv="content-type" content="text/html; charset=UTF-8">
<!--<link rel="stylesheet" type="text/css" href="./styles.css">-->
<script type="text/javascript" src="../js/jquery-3.3.1.js"></script>
<script type="text/javascript">
    $(function() {
        $("#btnHtml").click(function() {
            //加载 HTML 页面内容到 div 容器内
            $("#div1").load("loadTemp01.html");
        });
        $("#btnSelector").click(function() {
            //把 jQuery 选择器选出的元素添加到 div 容器内
            $("#div1").load("loadTemp01.html h2");
        });
    });
</script>
</head>
<body>
    <div id="div1"></div>
    <button id="btnHtml">加载 HTML 页面到 div 容器内</button>
    <button id="btnSelector">加载选择器选择的元素到 div 容器内</button>
</body>
</html>
```

单击“加载 HTML 页面到 div 容器内”按钮时，代码执行结果如图 8-10 所示。

单击“加载选择器选择的元素到 div 容器内”按钮时，代码执行结果如图 8-11 所示。

161

图 8-10　实例 8 代码执行结果 1

图 8-11　实例 8 代码执行结果 2

8.4　序列化

在实际项目中，经常需要使用表单进行数据传递，如登录、注册等功能，使用表单自带的 action 属性指定要请求的服务器地址会刷新整个客户端，用户体验度较差。采用 Ajax 技术后，可以实现局部更新，大大提高了用户的体验度。本章介绍的几个发送 Ajax 请求的方法，发送表单数据时，通常是一项一项发送的（如实例 2）。如果表单内元素比较少的话，这样发送还可以，但是如果表单中元素比较多或者多个表单的话，这样发送就相对麻烦了。针对这一问题，可以采用序列化来解决。

实例 9：页面表单中有两个文本框元素和一个提交按钮，单击"提交"按钮，将表单数据提交到后台服务器页面处理（代码详见 AjaxDemo08）。

HTML 代码如下：

```
<table width="32%" height="81" border="1" align="center"
        cellpadding="0" cellspacing="0">
        <tr>
            <td width="27%" align="left">用户名: </td>
            <td width="73%" align="left"><input type="text" id="userName">
            </td>
        </tr>
        <tr>
            <td align="left">地址: </td>
            <td align="left"><input type="text" id="address">
            </td>
        </tr>
        <tr>
```

```
<td colspan="2" align="center"><input type="button" id="btnSave"
    value="提交">
</td>
</tr>
</table>
```

发送请求关键代码如下：

```
$(function() {
    $("#btnSave").click(function() {
        $.ajax({
            type : "POST",
            url : "Handler01.jsp",
            dataType : "text",
            data : {
                "name" : $("#userName").val(),
                "location" : $("#address").val()
            },
            success : function(msg) {
                alert(msg);
            }
        });

    });
});
```

以上实例传递表单值采用多个键/值对的方式，这样当需要传递的表单值过多时，此种方式就比较烦琐了。

接下来再看通过序列化方式进行表单传值，jQuery 提供了两种表单序列化的方法，分别是 serilize() 方法和 serializeArray() 方法。serilize() 方法将表单内容序列化为字符串；serializeArray() 方法将表单内容序列化为 JSON 格式数据。可以分别通过实例来了解这两种序列化方法的使用。

实例 10：在页面表单中添加多个表单项，用户名（文本框）、爱好（复选框）、特长（select 下拉列表框），单击"提交"按钮，表单数据提交后台（代码详见 AjaxDemo08）。

客户端 HTML 代码如下：

```
<form method="post" action="#" id="test_form">
        用户名: <input type="text" name="username" /><br> 爱   好: 唱歌
            <input type="checkbox" name="hobby" value="sing" checked /> 读书<input
            type="checkbox" name="hobby" value="read" /><br /> 特   长:
            <select name="Speciality">
            <option value="dance">跳舞</option>
            <option value="write">书法</option>
            <option value="climb">爬山</option>
        </select>
        <p></p>
        <input type="button" id="sub" value="提交" />   <input
            type="reset" value="重置" /> <br> <br> <br> <input
            type="button" value="点我序列化为 URL" id="serializeUrl" />
        <p></p>
        <input type="button" value="点我序列化为 JSON" id="serializeJson" />
</form>
```

jQuery 代码如下：

```
<script type="text/javascript">
    $(function() {
        $("#sub").click(function() {
            $.ajax({
                type : "POST",
                url : "Handler02.jsp",
                dataType : "text",
                data : $("#test_form").serialize(),
                success : function(msg) {
                    alert(msg);
                }
            });
        });

        $("#serializeUrl").click(function() {
            var serializeUrl = $("#test_form").serialize();
        alert("序列化为 URL 格式: " + serializeUrl);
        });
    });
</script>
```

后台 Java 代码如下：

```
<%
        request.setCharacterEncoding("UTF-8");
        // 获取 Ajax 发送过来的数据
        String name = request.getParameter("username");
        String[] hobby = request.getParameterValues("hobby");
        String Speciality = request.getParameter("Speciality");

        //给客户端响应
        response.setContentType("text/html;charset=UTF-8");
        String hobbyStr="";
        for(int i=0;i<hobby.length;i++)
        {
          hobbyStr+=hobby[i]+" ";
        }
        out.write("用户名:  " + name+"\n"+"爱好: "+hobbyStr+"\n"+"特长:
"+Speciality);
 %>
```

服务器端返回信息在提示框中显示如图 8-12 所示。

图 8-12　实例 10 代码执行结果 1

单击"序列化为 URL"按钮弹出提示框，显示序列化后的字符串如图 8-13 所示。

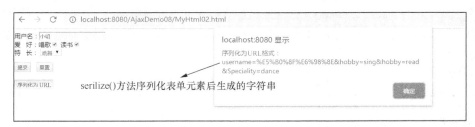

图 8-13　实例 10 代码执行结果 2

对以上实例进行修改，采用 serializeArray()方法序列化表单。修改后的代码如下，jQuery 代码如下：

```javascript
<script type="text/javascript">
    $(function() {
        $("#sub").click(function() {
            $.ajax({
                type : "POST",
                url : "Handler03.jsp",
                dataType : "text",
                data : $("#test_form").serializeArray(),
                success : function(msg) {
                    alert(msg);
                }
            });
        });
        $("#serializeJson").click(function() {
            var serializeJson = $("#test_form").serializeArray();
            alert("序列化为 JSON 格式为:" + JSON.stringify(serializeJson)); //将 JSON
对象转化为 JSON 字符串
        });
    });
</script>
```

单击"序列化为 JSON"按钮后，弹出序列化后的格式如图 8-14 所示，单击"提交"按钮执行效果与上面实例一样。

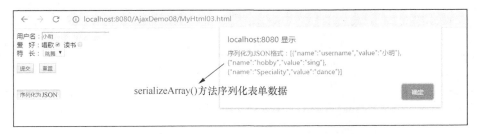

图 8-14　实例 10 修改后代码执行结果

本章小结

本章介绍了 jQuery 提供的发送 Ajax 请求的常用方法。首先介绍了 ajax()这个比较底层的核心方法，通过几个实例介绍了此方法的使用。其次介绍了在 ajax()方法基础上实现的其他简单方法：get()、getJSON()、getScript()、post()、load()，这些方法都有其各自的使用场景，在适当的时候使用起来会更便捷，需要牢牢掌握。最后介绍了序列化方法，此方法在项目开发过程中经常用到，需要熟练掌握。

习　　题

一、选择题

1. 向服务器资源"one"发送 GET 请求，传递参数 name= "jack"，并将返回数据显示，jQuery 代码为（　　　）。

    A. $.get("one", function(data){alert(data)});

    B. $.get("one", [name: "jack"], function(data){alert(data)});

    C. $.get("one", {name: "jack", function(data){alert(data)}};

    D. $.post("one", {name: "jack", function(data){alert(data)});

2. 如果要配置全局的 Ajax 参数，可以使用（　　　）。

    A. ajaxComplete   B. ajaxStart

    C. ajaxSend   D. ajaxSetup

二、简答题

1. jQuery 中提供的 Ajax 的方法有哪几种（至少说出三种）？其中比较底层的核心函数是哪个？

2. 发送 Ajax 请求时候，设置同步请求方式与异步请求方式有何区别？举例说明。

三、编程题

1. 采用 Ajax 加载 HTML 的方式实现切换标签页效果。

2. 发送异步请求，实现用户名信息的服务端的校验，假设目前只有一个用户信息 zhangsan。当用户名文本框失去焦点的时候进行用户名的校验。（要求用 jQuery 框架来实现）

3. 发送异步请求，在页面上完成下拉框的级联效果。（省市级联，要求用 jQuery 框架来实现）

4. 单击"获取人的信息"的按钮，发送异步请求，在页面上显示人的信息，如图 8-15 所示。（要求用 jQuery 框架、JSON 实现）

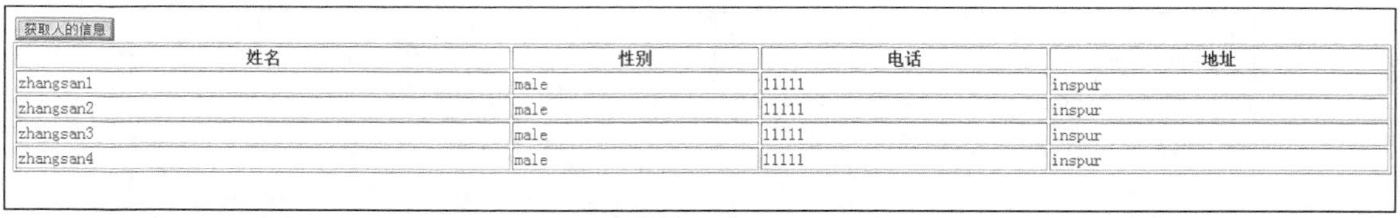

获取人的信息			
姓名	性别	电话	地址
zhangsan1	male	11111	inspur
zhangsan2	male	11111	inspur
zhangsan3	male	11111	inspur
zhangsan4	male	11111	inspur

图 8-15　实现效果

第9章 JSON

学习目标
- 了解 Ajax 数据传输格式 HTML、XML、JSON
- 了解 JSON 的定义
- 掌握 JSON 的基本语法
- 掌握在 Ajax 中使用 JSON 的方法

9.1 Ajax 数据传输格式

Ajax 不用刷新页面便可以和服务器端进行通信。Ajax 向服务器发送异步请求，服务器返回部分数据，客户端浏览器接收到这些数据，并利用这些数据对当前页面进行部分更新。当服务器端返回数据的时候，这些数据必须以浏览器能够理解的格式发送。通常服务器端返回的数据格式有 3 种：HTML、XML、JSON。下面对这 3 种数据格式进行比较分析。

1. HTML

（1）优点

① 从服务器端发送的 HTML 代码在浏览器端不需要用 JavaScript 进行解析。

② HTML 的可读性好。

③ HTML 代码块与 innerHTML 属性搭配，效率高。

（2）缺点

① 若需要通过 Ajax 更新一篇文档的多个部分，HTML 不适合。

② innerHTML 并非 DOM 标准。

2. XML

（1）优点

XML 是一种通用的数据格式。不必把数据强加到已定义好的格式中，而是要为数据自定义合适的标记。利用 DOM 可以完全掌控文档。

（2）缺点

如果文档来自服务器，就必须保证文档含有正确的首部信息。若文档类型不正确，那么 responseXML 的值将是空的。当浏览器接收到长的 XML 文件后，DOM 解析可能会很复杂。

3. JSON

（1）优点

① 作为一种数据传输格式，JSON 与 XML 很相似，但是它更加灵巧。

② JSON 不需要从服务器端发送含有特定内容类型的首部信息。

（2）缺点

① 语法过于严谨。

② 代码不容易读。

③ eval()函数存在风险。

在 Ajax 领域，JSON 凭借自身的优势有可能最终取代 XML，因此本章重点介绍 JSON 数据格式。

9.2　JSON 概述

JSON（JavaScript Object Notation，JavaScript 对象表示法）是一种轻量级的数据交换格式，易于阅读和编写，同时也易于机器解析和生成。JSON 采用完全独立于语言的文本格式，但是也使用了类似于 C 语言家族的习惯（包括 C、C++、C#、Java、JavaScript、Perl、Python 等）。这些特性使 JSON 成为理想的数据交换语言。JSON 比 XML 更轻巧。

1. JSON 的两种结构

（1）"名/值"对的集合（a collection of name/value pairs）。在不同的语言中，它被理解为对象（object）、纪录（record）、结构（struct）、字典（dictionary）、散列表（hash table）、有键列表（keyed list），或者关联数组（associative array）。

（2）值的有序列表（an ordered list of values）。在大部分语言中，它被理解为数组。

这些都是常见的数据结构。事实上大部分现代计算机语言都以某种形式支持它们，这使一种数据格式在同样基于这些结构的编程语言之间交换成为可能。

2. JSON 的基本语法

（1）对象是一个无序的名/值对集合。一个对象以"{"开始，以"}"结束。每个"名称"后跟一个冒号（:），名/值对之间使用逗号（,）分隔，如图 9-1 所示。

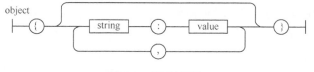

图 9-1　JSON 对象

（2）数组是值（value）的有序集合。一个数组以"["开始，"]"结束。值之间使用逗号（,）分隔，如图 9-2 所示。

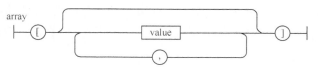

图 9-2　JSON 数组

（3）值（value）可以是双引号括起来的字符串（string）、数值（number）、对象（object）、数组（array）、true、false、null 等。这些结构可以嵌套，如图 9-3 所示。

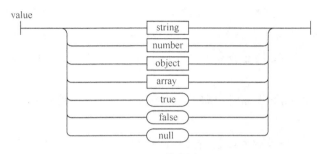

图 9-3　值类型

（4）字符串（string）是由双引号包围的任意数量 Unicode 字符的集合，使用反斜线转义。

（5）数值（number）与 C 或者 Java 的数值非常相似。

3．JSON 示例

（1）JSON 表示名/值对，代码如下：

```
{ "firstName": "Brett" }
```

（2）多个名/值对串在一起，代码如下：

```
{"firstName":"Brett","lastName":"McLaughlin","email":"brett@newInstance.com" }
```

从语法方面来看，这与名/值（firstName=Brett）对相比并没有很大的优势，但是在这种情况下 JSON 更容易使用，而且可读性更好。例如，它可以明确表示上述三个值是同一记录的一部分，是有关系的。

（3）当需要表示一组值时，JSON 不但能够提高可读性，而且可以降低复杂性，JSON 代码如下：

```
{ "employees": [
        {"firstName":"Brett","lastName":"McLaughlin","email":" brett@newInstance.com" },
        {"firstName":"Jason","lastName":"Hunter","email": "jason@servlets.com" },
        {"firstName":"Elliotte","lastName":"Harold","email": "elharo@macfaq.com" }
] }
```

这比相应的 XML 格式表示的数据更加简洁，相应的 XML 格式代码如下：

```
<employees>
   < employee >
       <firstName>Brett</firstName>
       <lastName>McLaughlin</lastName>
        <email>brett@newInstance.com</email>
   </ employee >
   < employee >
       <firstName>Jason</firstName>
       <lastName>Hunter</lastName>
        <email>jason@servlets.com</email>
   </ employee >
   < employee >
       <firstName>Elliotte</firstName>
        <lastName>Harold</lastName>
        <email>elharo@macfaq.com</email>
   </employee>
</ employees >
```

4. JSON 和 XML

（1）可读性。JSON 和 XML 的可读性可谓不相上下，XML 略占上风。

（2）可扩展性。XML 有很好的扩展性，JSON 也有很好的扩展性。XML 能扩展的，JSON 也能扩展。

（3）编码难度。XML 有丰富的编码工具，如 Dom4j、JDom 等，JSON 也有 json.org 提供的工具，但是 JSON 的编码明显比 XML 容易许多，即使不借助工具也能写出 JSON 的代码，可是要写好 XML 就不太容易了。

（4）解码难度。XML 的解析需要考虑子节点和父节点关系，比较复杂，而 JSON 的解析几乎没有难度。

（5）流行度。XML 已经被业界广泛使用，而 JSON 才刚刚开始被业界应用。但在 Ajax 领域，JSON 凭借自身的优势有可能最终取代 XML。

9.3 在 JavaScript 中使用 JSON

JSON 是 JavaScript 原生格式，这意味着在 JavaScript 中处理 JSON 数据不需要任何特殊的 API 或工具包。下边将介绍在 JavaScript 中如何处理 JSON 数据。

（1）JSON 数据赋值给变量，将创建一个 JavaScript 对象，代码如下：

```
var company =
{"employees": [
    {"firstName":"Brett","lastName":"McLaughlin","email": brett@newInstance.com },
    { "firstName": "Jason", "lastName":"Hunter", "email": "jason@servlets.com" },
    { "firstName": "Elliotte", "lastName":"Harold", "email": "elharo@macfaq.com" }
]};
```

（2）以 JavaScript 对象的方式访问数据，如获取第一个雇员的 firstName 信息，代码如下：

```
company.employees[0].firstName
```

（3）正如可以用点号和括号访问数据，也可以按照同样的方式轻松地修改数据，代码如下：

```
company.employees[0].firstName="Vincent"
```

接下来通过几个实例来看在 JavaScript 中是如何处理 JSON 数据的。由于后期需要用到 Ajax，所以本章的实例都将使用 Java 的开发环境，本书 Java 开发环境为 JDK 1.7、Tomcat 7.0、MyEclipse 10。

实例 1：JavaScript 处理 JSON 对象。

具体源代码如下（代码详见 JsonDemo01\WebRoot\ exer_1.html）：

```
<script type="text/javascript">
        var people = {
         "firstName" : "Brett",
         "lastName" : "McLaughlin",
         "email" : "brett@newInstance.com"
        };
        alert(people.firstName);
        alert(people.lastName);
        alert(people.email);
</script>
```

选中该 HTML 文件，鼠标右键单击选择"Open With"菜单中的子菜单命令"Web Browser"，代码执行结果如图 9-4 所示。

图 9-4 实例 1 代码执行结果

实例 2：JavaScript 处理 JSON 数组。

具体源代码如下（代码详见 JsonDemo01\WebRoot\ exer_2.html）：

```html
<script type="text/javascript">
    var people = [ {
        "firstName" : "Brett",
        "email" : "brett@newInstance.com"
    }, {
        "firstName" : "Mary",
        "email" : "mary@newInstance.com"
    } ];
    alert(people[0].firstName);
    alert(people[0].email);
    alert(people[1].firstName);
    alert(people[1].email);
</script>
```

选中该 HTML 文件，鼠标右键单击选择"Open With"菜单中的子菜单命令"Web Browser"，代码执行结果如图 9-5 所示。

图 9-5 实例 2 代码执行结果

实例 3：JavaScript 处理 JSON 对象。

具体源代码如下（代码详见 JsonDemo01\WebRoot\ exer_3.html）：

```html
<script type="text/javascript">
    var people = {
        "programmers" : [ {
```

```
            "firstName" : "Brett",
            "email" : "brett@newInstance.com"
        }, {
            "firstName" : "Mary",
            "email" : "mary@newInstance.com"
        } ]

    };
    alert(people.programmers[0].firstName);
    alert(people.programmers[1].email);
</script>
```

选中该 HTML 文件，鼠标右键单击选择 "Open With" 菜单中的子菜单命令 "Web Browser"，代码执行结果如图 9-6 所示。

图 9-6　实例 3 代码执行结果

实例 4：JavaScript 处理 JSON 对象。

具体源代码如下（代码详见 JsonDemo01\WebRoot\ exer_4.html）：

```
<script type="text/javascript">
    var people = {
        "programmers" : [ {
            "firstName" : "Brett",
            "email" : "brett@newInstance.com"
        }, {
            "firstName" : "Jason",
            "email" : "jason@servlets.com"
        }, {
            "firstName" : "Elliotte",
            "lastName" : "Harold",
            "email" : "elliotte@macfaq.com"
        } ],
        "author" : [ {
            "firstName" : "Isaac",
            "genre" : "science fiction"
        }, {
            "firstName" : "Trad",
            "genre" : "fantasy"
        }, {
            "firstName" : "Frank",
            "genre" : "christian fiction"
        } ],
        "musicians" : [ {
            "firstName" : "Eric",
            "instrument" : "guitar"
        }, {
            "firstName" : "Sergei",
```

```
            "instrument" : "piano"
        } ]
    };
    alert(people.programmers[1].firstName);
    alert(people.musicians[1].instrument);
</script>
```

选中该 HTML 文件，鼠标右键单击选择 "Open With" 菜单中的子菜单命令 "Web Browser"，代码执行结果如图 9-7 所示。

图 9-7　实例 4 代码执行结果

实例 5：JavaScript 处理 JSON 对象。

具体源代码如下（代码详见 JsonDemo01\WebRoot\ exer_5.html）：

```
<script type="text/javascript">
    var people = {
        "username" : "mary",
        "age" : "20",
        "info" : {
          "tel" : "13277777777",
          "celltelphone" : "788666"
        },
        "address" : [ {
          "city" : "beijing",
          "code" : "100022"
        }, {
          "city" : "shanghai",
          "code" : "200444"
        } ]
    };
    alert(people.username);
    alert(people.info.tel);
    alert(people.address[0].city);
</script>
```

选中该 HTML 文件，鼠标右键单击选择 "Open With" 菜单中的子菜单命令 "Web Browser"，代码执行结果如图 9-8 所示。

图 9-8　实例 5 代码执行结果

9.4　Ajax 客户端处理 JSON 字符串

Ajax 客户端处理 JSON 字符串

服务器与客户端采用 Ajax 技术进行数据信息交互时候，经常会用到 JSON 数据格式。当服务器端向客户端发送 JSON 格式的文本时，客户端通常需要将 JSON 格式的文本转换为 JSON 格式的对象，然后再提取数据信息。下面通过实例来了解。

实例 6：服务器端生成一条有关省市信息的 JSON 字符串，发送到客户端，客户端将收到的 JSON 字符串转为 JSON 对象，然后通过此 JSON 对象获取省市信息并显示出来。

服务器端 JSP 页面代码如下：

```jsp
<%@ page language="java" import="java.util.*" pageEncoding="utf-8"%>
<%
response.setContentType("text/html;charset=UTF-8");
response.getWriter().write("{'city': '合肥', 'province' :'安徽'}");
%>
```

客户端代码如下：

```html
<!DOCTYPE html>
<html>
<head>
<title>demo00.html</title>
<meta http-equiv="keywords" content="keyword1,keyword2,keyword3">
<meta http-equiv="description" content="this is my page">
<meta http-equiv="content-type" content="text/html; charset=UTF-8">
<!--<link rel="stylesheet" type="text/css" href="./styles.css">-->
<script type="text/javascript" src="../js/jquery-3.3.1.min.js"></script>
<script type="text/javascript">
    $(function() {
        $("#getCityBtn").click(
                function() {
                    $.ajax({
                        type : "POST",
                        url : "demo00_01.jsp",
                        async : true,
                        dataType : "text",
                        success : function(data) {
                            alert(data + "data 类型: " + typeof (data));
                            var dataObj = eval("(" + data + ")");
                            $("#cityTb").append(
                                    "<tr><td>" + dataObj.city + "</td><td>"
                                            + dataObj.province + "</td></tr>");
                        }
                    });
                });
    });
</script>
</head>

<body>
    <input type="button" id="getCityBtn" value="获取城市信息">
    <table border="1" id="cityTb">
```

```
    <tr>
        <td>城市</td>
        <td>省会</td>
    </tr>
  </table>
</body>
</html>
```

代码执行后客户端收到的数据格式如图 9-9 所示，代码执行结果如图 9-10 所示。

图 9-9　实例 6 代码执行后客户端收到的数据格式

图 9-10　实例 6 代码执行后的结果

代码分析如下。

（1）在以上实例中，服务器端返回 JSON 相应的文本表示，代码如下：

```
{"city": "合肥", "province" : "安徽"}
```

（2）客户端使用 eval()函数将 JSON 文本转化为 JavaScript 对象。函数 eval()会把一个字符串当作它的参数，这个字符串会被当作 JavaScript 代码来执行。因为 JSON 的字符串就是由 JavaScript 代码构成的，所以它本身是可执行的。

```
var dataObj = eval("(" + data + ")");
```

（3）然后从 JavaScript 对象中取得相应的值，参考代码如下：

```
$("#cityTb").append("<tr><td>"+dataObj.city+"</td><td>"+dataObj.province+ "</td></tr>");
```

9.5　Ajax 服务器端生成 JSON

Ajax 服务器
端生成 JSON

服务器与客户端采用 JSON 数据格式进行交互，JSON 本质上就是字符串，只不过有格式要求。可以通过字符串拼接手动生成 JSON 字符串，操作并不困难，但比较麻烦。具体参见实例 7。

实例 7：服务器端将一个学生对象转换为 JSON 数据格式发送到客户端。

JavaBean Student 对象代码如下：

```java
package com.inspur.ch09;
public class Student {
    private String name;
    private String sex;
    private Integer age;

    public String getName() {
        return name;
    }
    public void setName(String name) {
        this.name = name;
    }
    public String getSex() {
        return sex;
    }
    public void setSex(String sex) {
        this.sex = sex;
    }
    public Integer getAge() {
        return age;
    }
    public void setAge(Integer age) {
        this.age = age;
    }
}
```

服务器端生成 JSON 数据的代码如下：

```java
<%@ page language="java" import="java.util.*,com.inspur.ch09.*"
pageEncoding="utf-8"%>
<%
Student stu = new Student();
stu.setName("张三");
stu.setSex("男");
stu.setAge(20);
//字符串拼接
StringBuffer sb = new StringBuffer();
sb.append("{'name':").append("'").append(stu.getName()).append("',")
.append("'sex':").append("'").append(stu.getSex()).append("',")
.append("'age':").append("'").append(stu.getAge()).append("'}");
//拼接结果"{'name':'张三','sex':'男','age':'20'}"
String json = sb.toString();
response.setContentType("text/html;charset=UTF-8");
response.getWriter().write(json);
%>
```

前端 HTML 页面代码如下：

```html
<!DOCTYPE html>
<html>
  <head>
    <title>demo01.html</title>
```

```
<meta http-equiv="keywords" content="keyword1,keyword2,keyword3">
<meta http-equiv="description" content="this is my page">
<meta http-equiv="content-type" content="text/html; charset=UTF-8">

<!--<link rel="stylesheet" type="text/css" href="./styles.css">-->
<script type="text/javascript" src="../js/jquery-3.3.1.min.js"></script>
<script type="text/javascript">
    $(function() {
        $("#getStudentBtn").click(function() {
            $.ajax({
                type : "POST",
                url : "demo01_01.jsp",
                async : true,
                dataType:"text",
                success : function(data) {
                    alert(data+"data 类型: "+typeof(data));
                    var dataObj = eval("("+data+")");
    $("#stuTb").append( "<tr><td>"+dataObj.name+"</td><td>"+dataObj.sex+
"</td><td>"+dataObj.age+"</td></tr>");
                }
            });
        });
    });
</script>
  </head>
  <body>
    <input type="button" id="getStudentBtn" value="获取学生信息">
    <table border="1" id="stuTb">
    <tr><td>姓名</td><td>性别</td><td>年龄</td></tr>
    </table>
  </body>
</html>
```

实例 7 代码执行后的数据格式如图 9-11 所示，代码执行结果如图 9-12 所示。

图 9-11　实例 7 代码执行后的数据格式

图 9-12　实例 7 代码执行后的结果

通过以上实例可以看到，服务器端将一个 JavaBean 对象实例转换为 JSON 数据格式，是采用手动拼接字符串的方式实现的。这种方式其实比较烦琐，当有多个对象实例时候，这将是一项比较麻烦且容易出错的工作，所以还需要考虑采用其他便捷的方法。这里在 Java 开发环境中采用 Json-lib.jar 包来实现。

9.5.1 JavaBean 转 JSON

Json-lib 是一个 Java 类库，可以实现如下功能。

① 转换 JavaBean、Map、Collection、Java Arrays 和 XML 成为 JSON 格式数据。

② 转换 JSON 格式数据成为 JavaBean 对象。

Json-lib 所必需的包如下：

① commons-httpclient-3.1.jar；

② commons-lang-2.4.jar；

③ commons-logging-1.1.1.jar；

④ json-lib-2.4-jdk15.jar；

⑤ ezmorph-1.0.6.jar；

⑥ commons-collections-3.2.1.jar。

在 Java 开发环境中，导入如上所示的 JAR 包后，可以轻松实现服务器端 JavaBean、Map、Collection、Java Arrays 等格式数据转 JSON 格式。对实例 7 的代码进行修改，采用 Json-lib 类库提供的函数来实现服务器端 Student 对象转 JSON。

服务器端代码如下：

```
<%
Student stu = new Student();
stu.setName("张三");
     stu.setSex("男");
stu.setAge(20);
JSONObject json = JSONObject.fromObject(stu);
response.getWriter().write(json.toString());
%>
```

前端 HTML 页面代码如下：

```
<!DOCTYPE html>
<html>
<head>
<title>demo02.html</title>

<meta http-equiv="keywords" content="keyword1,keyword2,keyword3">
<meta http-equiv="description" content="this is my page">
<meta http-equiv="content-type" content="text/html; charset=UTF-8">

<!--<link rel="stylesheet" type="text/css" href="./styles.css">-->
<script type="text/javascript" src="../js/jquery-3.3.1.min.js"></script>
<script type="text/javascript">
    $(function() {
        $("#getStudentBtn").click(function() {
            $.ajax({
                type : "POST",
                url : "demo02_01.jsp",
```

```
                async : true,
                dataType:"json",
                success : function(data) {
    $("#stuTb").append( "<tr><td>"+data.name+"</td><td>"+data.sex+"</td><td>"+
data.age+"</td></tr>");
                }
            });
        });
    });
</script>
</head>

<body>
    <input type="button" id="getStudentBtn" value="获取学生信息">
     <table border="1" id="stuTb">
    <tr><td>姓名</td><td>性别</td><td>年龄</td></tr>
    </table>
</body>
</html>
```

代码执行结果如图 9-13 所示。

图 9-13　实例 7 修改后的代码执行结果

控制台监控到的 data 变量的数据格式如图 9-14 所示。

图 9-14　实例 7 修改后收到的数据格式

9.5.2　List 转 JSON

List 转 JSON

实例 8：服务器端 List 集合转 JSON 后发送到客户端。

Student 类代码与以上实例一样，此处不再重复。服务器端 List 集合转 JSON 代码如下：

```
<%@ page language="java" import="java.util.*,com.inspur.ch09.*,net.sf.json.JSONArray" pageEncoding="utf-8"%>
<%
Student stu1 = new Student();
stu1.setAge(22);
stu1.setName("张三");
stu1.setSex("女");
```

```
Student stu2 = new Student();
stu2.setAge(20);
stu2.setName("李四");
stu2.setSex("男");

List<Object> list = new ArrayList<Object>();
list.add(stu1);
list.add(stu2);

JSONArray json = JSONArray.fromObject(list);
response.getWriter().write(json.toString());
%>
```

客户端 HTML 页面代码如下：

```
<!DOCTYPE html>
<html>
  <head>
    <title>demo03.html</title>

    <meta http-equiv="keywords" content="keyword1,keyword2,keyword3">
    <meta http-equiv="description" content="this is my page">
    <meta http-equiv="content-type" content="text/html; charset=UTF-8">

    <!--<link rel="stylesheet" type="text/css" href="./styles.css">-->
<script type="text/javascript" src="../js/jquery-3.3.1.min.js"></script>
<script type="text/javascript">
    $(function() {
        $("#getStudentBtn").click(function() {
            $.ajax({
                type : "POST",
                url : "demo03_01.jsp",
                async : true,
                dataType:"json",
                success : function(data) {
                    for(var i=0;i<data.length;i++)
                    {

    $("#stuTb").append( "<tr><td>"+data[i].name+"</td><td>"+
data[i].sex+"</td><td>"+data[i].age+"</td></tr>");
                    }

                }
            });
        });
    });
</script>
  </head>

  <body>
    <input type="button" id="getStudentBtn" value="获取学生信息">
     <table border="1" id="stuTb">
     <tr><td>姓名</td><td>性别</td><td>年龄</td></tr>
     </table>
  </body>
</html>
```

实例收到的数据格式如图 9-15 所示，代码执行结果如图 9-16 所示。

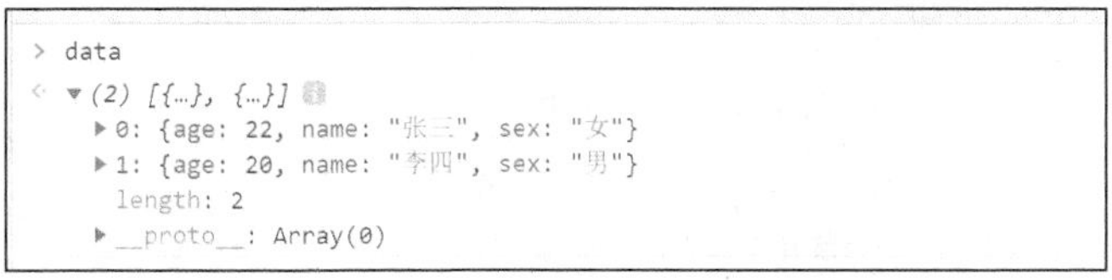

图 9-15　实例 8 代码执行后收到的数据格式

图 9-16　实例 8 代码执行后的结果

9.5.3　Map 转 JSON

实例 9：服务器端 Map 集合转 JSON 后发送到客户端。

Student 类代码与以上实例一样，此处不再重复。

服务器端 Map 转 JSON 代码如下：

```java
<%@ page language="java"
import="java.util.*,com.inspur.ch09.*,net.sf.json.JSONObject" pageEncoding="utf-8"%>
<%
Student stu1 = new Student();
stu1.setAge(22);
stu1.setName("张三");
stu1.setSex("女");

Student stu2 = new Student();
stu2.setAge(20);
stu2.setName("李四");
stu2.setSex("男");
HashMap<String,Object> map = new HashMap<String,Object>();
map.put("s1", stu1);
map.put("s2", stu2);
JSONObject json = JSONObject.fromObject(map);
response.getWriter().write(json.toString());
 %>
```

客户端代码如下：

```html
<!DOCTYPE html>
<html>
  <head>
    <title>demo04.html</title>

    <meta http-equiv="keywords" content="keyword1,keyword2,keyword3">
    <meta http-equiv="description" content="this is my page">
    <meta http-equiv="content-type" content="text/html; charset=UTF-8">
```

```
                <!--<link rel="stylesheet" type="text/css" href="./styles.css">-->
    <script type="text/javascript" src="../js/jquery-3.3.1.min.js"></script>
    <script type="text/javascript">
        $(function() {
            $("#getStudentBtn").click(function() {
                $.ajax({
                    type : "POST",
                    url : "demo04_01.jsp",
                    async : true,
                    dataType:"json",
                    success : function(data) {

        $("#stuTb").append( "<tr><td>"+data.s1.name+"</td><td>"+
data.s1.sex+"</td><td>"+data.s1.age+"</td></tr>");

        $("#stuTb").append( "<tr><td>"+data.s2.name+"</td><td>"+
data.s2.sex+"</td><td>"+data.s2.age+"</td></tr>");
                    }
                });
            });
        });
    </script>
      </head>

      <body>
        <input type="button" id="getStudentBtn" value="获取学生信息">
        <table border="1" id="stuTb">
        <tr><td>姓名</td><td>性别</td><td>年龄</td></tr>
        </table>
      </body>
    </html>
```

实例收到的数据格式如图 9-17 所示，代码执行结果如图 9-18 所示。

图 9-17　实例 9 代码执行后收到的数据格式

图 9-18　实例 9 代码执行后的结果

9.6　JSON、XML 和 HTML

（1）如果应用程序不需要与其他应用程序共享数据，推荐选择 HTML，使用 HTML 片段来返回数据是最简单的。

（2）如果数据需要重用，推荐选择 JSON，其在性能和文件大小方面有一定优势。

（3）当远程应用程序未知时，XML 文档是首选，因为 XML 是 Web 服务领域的"世界语"。

本章小结

本章重点讲解轻量级的文本数据交换格式 JSON，包括 JSON 的概念和基本语法，在 Ajax 客户端、服务器端的常见用法；同时也对 HTML、XML 这两种常见的数据格式进行了简单介绍，并简单说明了 HTML、XML、JSON 这三种数据格式的使用场景。

习　　题

一、选择题

1. 在使用 Ajax 时，需要接收服务器返回的信息，下面（　　　）格式的数据 JS 无法识别。

    A．JSON   B．XML

    C．字符串   D．DataTable

2. 下列 JSON 表示的对象定义，正确的是（　　　）。

    A．var str1={'name':'ls'，'addr':{'city':'bj'，'street':'ca'} };

    B．var str1={'name':'ls'，'addr':{'city':bj'，'street':'ca'} };

    C．var str = {study:'english'，'computer':20};

    D．var str = {'study':english，'computer':20};

二、简答题

1. 简述 JSON、HTML、XML 这三种数据格式的优缺点。

2. 客户端使用哪个函数可以将 JSON 文本转化为 JavaScript 对象？

3. 服务器端的对象、集合等在发送给客户端之前，如何转化为 JSON 格式？举例说明（至少两个，写出主要代码即可）。

4. JSON 包含哪两种结构？

三、编程题

1. 发送异步请求，在页面上完成下拉框的级联效果（省市级联），如图 9-19 所示。

图 9-19　级联效果

2. 单击"获取人的信息"按钮，发送异步请求，在页面上显示人的信息（要求用 JSON 实现），如图 9-20 所示。

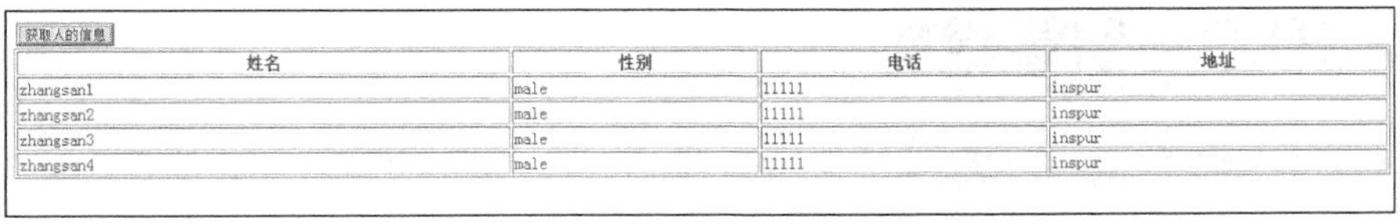

姓名	性别	电话	地址
zhangsan1	male	11111	inspur
zhangsan2	male	11111	inspur
zhangsan3	male	11111	inspur
zhangsan4	male	11111	inspur

图 9-20　显示信息

10 第 10 章 综合案例

学习目标

- 了解音乐商城页面布局
- 掌握网页选项卡的实现过程
- 掌握采用 Ajax 实现页面登录的实现过程
- 掌握鼠标滑过导航显示下拉菜单的实现过程
- 掌握广告图片轮播的实现过程
- 掌握鼠标滑过小图显示大图的实现过程

案例介绍
与开发环境

10.1 案例介绍

本章主要介绍综合案例——音乐商城网站，此案例是仿照某音乐商城网站实现的一个注重前端开发的 jQuery 综合练习，通过这个案例来练习前面学习的内容。本案例从比较简洁的界面设计入手，不仅用到了 jQuery 开发技术，而且还用到了 Web 前端开发技术中的 HTML、CSS 等技术。

在学习这个案例前，需要读者具有 Web 前端开发基础知识——HTML、CSS 和 JavaScript。

本案例后台开发语言选用的是 Java，读者还需要具备一定的 Java 基础，并且要会搭建 Java 开发环境。

10.2 开发环境

本案例重点在于练习本书中介绍的各章内容,其中 Ajax 部分需要访问后台代码,所以需要用到后台开发环境。本案例开发环境要求：MyEclipse 10、JDK 1.6、Tomcat 7.0。

本案例使用的 jQuery 文件库为 jquery-3.3.1.min.js，存放路径在 js 文件夹内。

10.3 目录结构

案例的文件目录结构如图 10-1 所示。css 文件夹用来存放页面元素样式设置文件；dealAjaxRequest 文件夹用来处理 Ajax 请求；imgs 文件夹用来存放案例中用到的图片；js 文件夹
用来存放 jQuery 脚本；indexMusic.html 为该案例主页面。

图 10-1　目录结构

10.4　主要功能

音乐商城首页的整体效果如图 10-2 所示。在页面头部实现的功能：登录、网页选项卡和鼠标滑
过导航显示下拉菜单。在页面主体部分实现的功能：广告图片轮播、鼠标滑过小图显示大图。下面
详细介绍这些功能的实现。

图 10-2　音乐商城首页效果

10.4.1　页面布局

1. 页面布局

页面整体布局分为三大部分：头部、主体、尾部，如图 10-3 所示。

页面布局

185

页面头部

页面主体

页面尾部

图 10-3 音乐商城首页布局

2. 技术点

采用 DIV+CSS 进行页面整体布局。

3. 主要代码

indexMusic.html 页面代码如下：

```
<!DOCTYPE html>
<html>
<head>
<title>indexMusic.html</title>
<meta http-equiv="keywords" content="keyword1,keyword2,keyword3">
<meta http-equiv="description" content="this is my page">
<meta http-equiv="content-type" content="text/html; charset=UTF-8">
<!--<link rel="stylesheet" type="text/css" href="./styles.css">-->
<link rel="stylesheet" href="css/indexMusic.css" />
<link rel="stylesheet" href="css/picPlay.css">
<script src="js/jquery-3.3.1.min.js"></script>
<script src="js/indexMusic.js"></script>
<script src="js/picPlay.js"></script>
<script type="text/javascript">
</script>
</head>

<body>
    <div id="header">
    ……
    </div>
    <div id="middle">
    ……
    </div>
    <div id="foot">
    ……
    </div>
</body>
</html>
```

10.4.2 网页选项卡

单击页面右上角的"登录"选项，弹出登录窗口，如图 10-4 所示。本页面采用网页选项卡的形式来实现。用到的技术点主要是 jQuery 选择器、事件、常用方法等。通过单击选项卡的"登录""注册"标题实现内容显示和隐藏的切换。此选项卡功能在各网页中经常被用到，是一种比较实用的页面效果。

单击"登录"选项，弹出选项卡页面代码如下：

```
//网页选项卡选择
    $("#login")
        .click(
            function () {
                var msg = "<div id=\"loginRegisterDiv\">" +
                    "<div id=\"closeLogin\"><a>关闭</a></div>" +
                    "<ul id=\"menu\">" +
                    " <li class=\"tabFocus\">登录</li>" +
                    "<li>注册</li>" +
                    "</ul>" +
                    "<ul id=\"content\">" +
                    "<li class=\"conFocus\">" +
                    "<div id=\"loginDiv\">手机号: " +
                    "<input class=\"loginPhone\" id=\"telphone\" type=\"text\"
value=\"\">" +
                    "<p></p>" +
                    "密码: <input class=\"loginPwd\" type=\"password\" id=\"pwd\"
value=\"\">" +
                    " <p></p>" +
                    "<input id=\"loginBtn\" type=\"button\" value=\"登录\">" +
                    "</div>" + "</li>" + "<li>注册界面</li>" +
                    "</ul>" + "</div>;";
                $(msg).appendTo("body");
            });
```

采用 jQuery 实现网页选项卡切换功能，主要代码如下：

```
//登录、注册
//网页选项卡选择
            $("#menu li").each(function(index) { //带参数遍历各个选项卡
                $(this).click(function() { //注册每个选项卡的单击事件
                    $("#menu li.tabFocus").removeClass("tabFocus"); //移除已选中的样式
                    $(this).addClass("tabFocus"); //增加当前选中项的样式
                    //显示选项卡对应的内容并隐藏未被选中的内容
                    $("#content li:eq(" + index + ")").show()
                    .siblings().hide();
                });
            });
```

代码执行结果如图 10-4 所示。

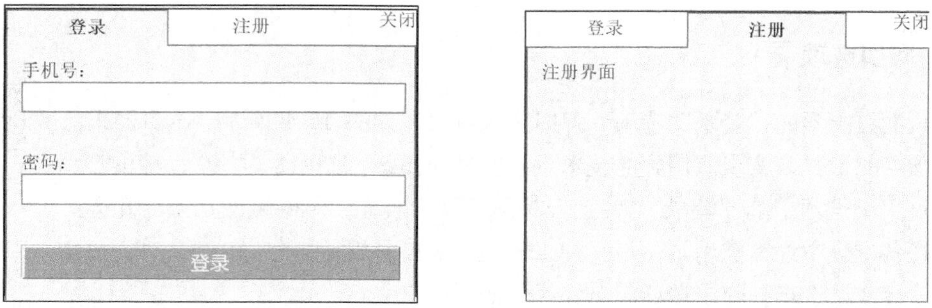

图 10-4　登录注册页面选项卡

10.4.3　登录功能

登录功能

单击主页面右上角的"登录"选项，弹出登录窗口，如图 10-5 所示。本案例登录功能通过手机号、密码登录。此处登录功能采用 Ajax 技术实现。此处注册功能省略，仅实现登录功能。

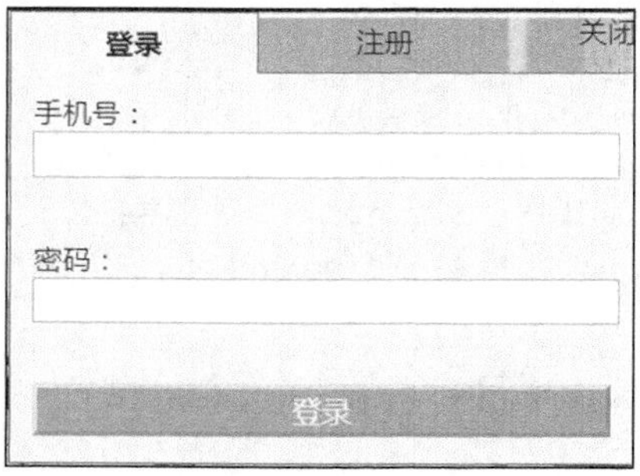

图 10-5　登录窗口

```
$(document).on("click", "#loginBtn", function() {
    $.ajax({
        type : "POST",
        url : "dealAjaxRequest/doRequest.jsp",
        dataType : "text",
        data : {
            "phone" : $("#telphone").val(),
            "password" : $("#pwd").val()
        },
        success : function(msg) {
            if (msg == "OK") {
                alert("登录成功");
            } else {
                alert("登录失败! ");
            }
        }
    });
    $("#loginRegisterDiv").remove();
});
```

后台代码如下：

```
<%
    request.setCharacterEncoding("UTF-8");
    // 获取 Ajax 发送来的数据
    String phone = request.getParameter("phone");
    String pwd = request.getParameter("password");

    //匹配数据库中的手机号及密码，此处省略访问数据库代码
    String msg = "";
    if (phone.equals("1327364****") && pwd.equals("123")) {
        msg = "OK";
    } else {
        msg = "bad";
    }
    //给客户端响应
    response.setContentType("text/html;charset=UTF-8");
    out.write(msg);
%>
```

此处后台代码在 doRequest.jsp 页面实现，由于本案例主要练习 jQuery 技术，所以此处后台手机号及密码匹配省略访问数据库部分，假设默认手机号为 1327406****，密码为 123。在图 10-6 中输入手机号、密码，单击"登录"按钮。登录成功弹出图 10-7 所示提示，登录失败弹出图 10-8 所示提示。

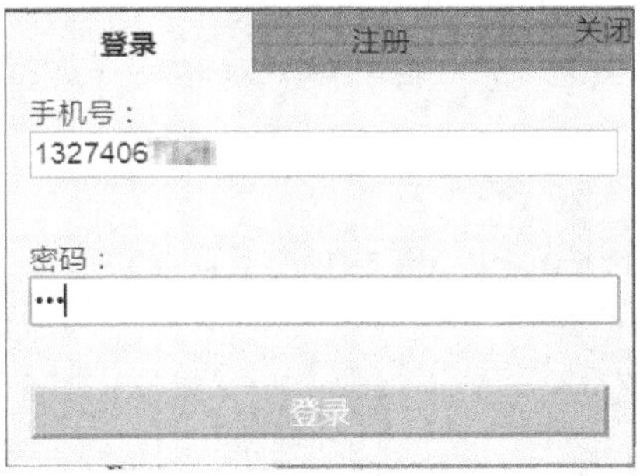

图 10-6 登录界面

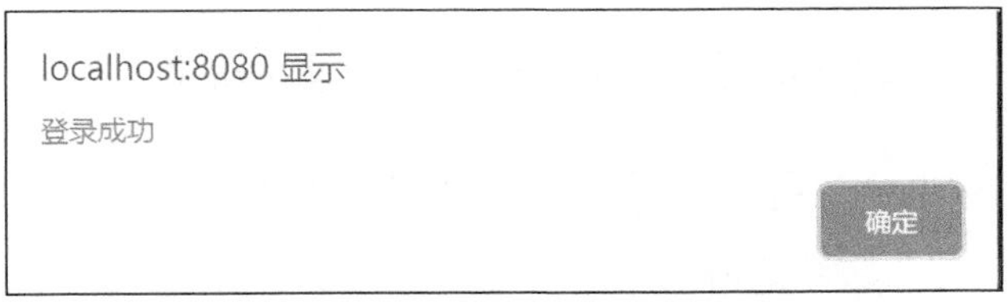

图 10-7 登录成功提示

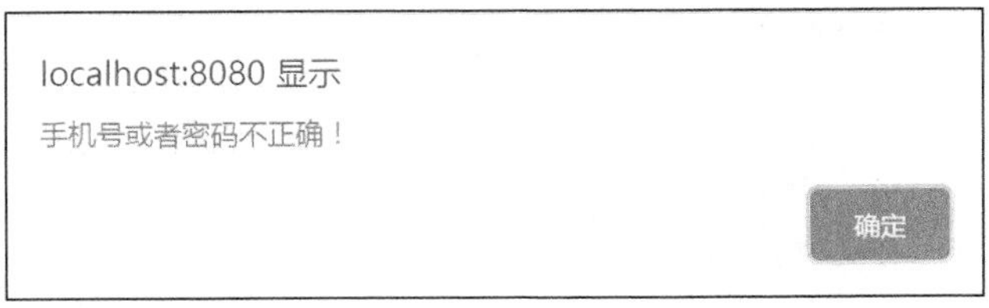

图 10-8 登录失败提示

10.4.4　鼠标滑过导航显示下拉菜单

当鼠标滑过"艺人分类"标题时，标题变为红色并且显示其相应的下拉菜单，当鼠标滑出此标题时，下拉菜单消失。页面效果如图 10-9 所示。

图 10-9　下拉菜单效果

鼠标滑过导航显示下拉菜单的 HTML 代码如下：

鼠标滑过导航显示下拉菜单

```html
<div class="head_nav">
    <ul class="shopnav">
        <li class="item"><a href="#">艺人分类</a>
            <div class="secondNav">
                <ul>
                    <li><a href="#"><h4>中国 ></h4> </a>
                    </li>
                    <li><a href="#"><h4>日本 ></h4> </a>
                    </li>
                    <li><a href="#"><h4>美国 ></h4> </a>
                    </li>
                </ul>
            </div></li>
        <li class="item"><a href="#">首页</a>
        </li>
        <li class="item"><a href="#">专辑</a>
        </li>
        <li class="item"><a href="#">明星周边</a>
        </li>
        <li class="item"><a href="#">明星同款</a>
        </li>
        <li class="item"><a href="#">个护美妆 </a>
        </li>
        <li class="item"><a href="#">影漫周边</a>
        </li>
        <li class="item"><a href="#">食品服装</a>
        </li>
        <li class="item"><a href="#">配饰</a>
        </li>
    </ul>
</div>
</div>
```

CSS 样式设计如下：

```css
.head_nav {
    height: 35px;
```

```
    background: #1f2122;
    font: 12px;
    top: 165px;
    position: absolute;
    width: 80%;
    left: 10%;
}
.head_nav ul {
    list-style: none;
}
.head_nav ul .item {
    float: left;
    margin-right: 70px;
}
.head_nav a {
    text-decoration: none;
    color: #f5f5f5;
}
.head_nav a:hover {
    color: crimson;
}
.secondNav {
    background:white;
    border: 1px solid black;
    display: none;
    z-index: 1000;
    position: absolute;
}
.secondNav li {
    background:white;
    width: 100px;
}
.secondNav li a {
    color: black;
}
```

jQuery 代码如下：

```
// 鼠标滑过显示下拉菜单
$(".shopnav .item").hover(function() {
    $(this).children(".secondNav").show();
}, function() {
    $(this).children(".secondNav").hide();
});
```

下面进行代码分析。首先，整个布局主要采用<ul><li>...</li>...</ul>来实现，大多数网站中都采用这两个元素设置这种导航显示效果，样式在 CSS 文件中进行设置，具体每一步样式的设置这里不做详细分析，重点来看 jQuery 部分的功能实现。鼠标滑入导航栏标题时，显示下拉菜单；鼠标滑出时，隐藏下拉菜单，此功能采用鼠标事件方法 hover()来实现。该方法为 mouseenter 和 mouseleave 事件绑定处理程序，在鼠标指针进入和离开元素时执行。

10.4.5　广告图片轮播

广告图片轮播效果如图 10-10 所示。进入主页面，广告栏图片自动进行播放，当单击广告图片左右箭头时，广告图片进行左右切换；在广告图片下方有一排小圆点，鼠标滑过圆点时，也可以进行广告图片的切换。广告图片轮播时，图片下方相应的圆点变为白色，表示当前播放的广告图片所在位置。

图 10-10　广告图片轮播效果

广告图片轮播 HTML 代码如下：

```html
<!--图片轮播-->
    <!---->
        <div class="box">
            <img src="imgs/1.jpg"> <img src="imgs/2.jpg"> <img
                src="imgs/3.jpg"> <img src="imgs/44.jpg"> <img
                src="imgs/55.jpg"> <img src="imgs/66.jpg">
        </div>
        <div class="circle">
            <b class="current"></b> <b></b> <b></b> <b></b> <b></b> <b></b>
        </div>
        <div class="btn left">&lt;</div>
        <div class="btn right">&gt;</div>
    </div>
```

jQuery 代码如下：

```javascript
$(function() {
    var i = 0;//i 表示当前图片的下标和当前圆点的下标
    var timer;
    //1：默认显示的第一张图片
    $("img").eq(0).show().siblings().hide();
    //2：使用定时器做图片轮播
    start();
    /*3：鼠标移入小圆点的时候，首先清除定时器，找到当前圆点的索引，改变当前显示的图片，使其变换
成圆点对应的图片，当前圆点变换样式*/
    $("b").hover(function() {
        clearInterval(timer);
        i = $(this).index();
        change();
    }, function() {
        /*鼠标移出的时候，重新启动定时器*/
        start();
    });
    /*4：单击左边按钮的时候，显示当前图片左边的第一张图片，再单击，依次向左，图片变换，圆点样式
变换。当停止单击按钮时，图片依旧在一定时间后显示下一张图片（右边的第一张）*/
    $(".left").click(function() {
```

```
        i--;
        /*当图片已经是第一张，再单击的时候，显示最后一张图片*/
        if (i === -1) {
            i = 5;
        }
        change();
    });
    /*5：单击右边按钮的时候，显示当前图片右边的第一张图片，原理同左边图片效果*/
    $(".right").click(function() {
        i++;
        /*当图片已经是最后一张，再单击的时候，显示第一张图片*/
        if (i === 6) {
            i = 0;
        }
        change();
    });

    /*轮播函数*/
    function start() {
        /*定时器，每张图片在页面上停留的时间是1s*/
        timer = setInterval(function() {
            i++;
            if (i === 6) {
                i = 0;
            }
            change();
        }, 1000);
    }
    /*当前图片及对应圆点变换函数*/
    function change() {
        /*当前图片淡入，其他图片淡出*/
        $("img").eq(i).fadeIn(300).siblings().stop(true, true).fadeOut(300);
        /*当前圆点添加类 current，其他圆点删除其类 current*/
        $("b").eq(i).addClass("current").siblings().removeClass("current");
    }
});
```

在以上 jQuery 代码中，主要分五大部分来实现广告图片的轮播，具体如下所述。

（1）当进入主页面时，默认显示第 1 张广告图片。

```
$("img").eq(0).show().siblings().hide();
```

（2）使用定时器做图片轮播。

轮播开始执行的语句如下：

```
start();
```

轮播函数如下：

```
/*轮播函数*/
function start() {
/*定时器，每张图片在页面上停留的时间是1s*/
  timer = setInterval(function() {
    i++;
```

```
        if (i === 6) {
            i = 0;
            }
        change();
        }, 1000);
    }
```

start()函数这里使用了 setInterval()方法来实现每隔 1s 进行一次广告图片的切换，当图片播放到第 6 张（最后 1 张）时，将变量 i 重新设置为 0，从第 1 张广告图片再重新播放，这样循环往复。

```
/*当前图片及对应圆点变换函数*/
function change() {
    /*当前图片淡入，其他图片淡出*/
    $("img").eq(i).fadeIn(300).siblings().stop(true, true).fadeOut(300);
    /*当前圆点添加类 current，其他圆点删除其类 current*/
    $("b").eq(i).addClass("current").siblings().removeClass("current");
}
```

Change()方法实现广告图片淡入淡出效果及图片对应圆点的变化。

（3）鼠标移入小圆点的时候，广告图片变为当前滑过圆点对应的图片。

```
$("b").hover(function() {
    clearInterval(timer);
    i = $(this).index();
    change();
}, function() {
    /*鼠标移出的时候，重新启动定时器*/
    start();
});
```

此功能使用 hover()事件方法来实现。当鼠标滑入圆点时，首先使用 clearInterval()方法清除定时器，此方法清除 setInterval()方法的定时触发功能；然后显示此处圆点对应的广告图片；当鼠标滑出圆点时，start()方法重新启动图片自动播放功能。

（4）单击图片左边箭头，显示当前图片左边相邻的广告图片。

```
$(".left").click(function() {
        i--;
        /*图片已经是第一张，再单击的时候，显示最后一张图片*/
        if (i === -1) {
            i = 5;
        }
        change();
    });
```

（5）单击图片右边箭头，显示当前图片右边相邻的广告图片。

```
$(".right").click(function() {
    i++;
    /*图片已经是最后一张，再单击的时候，显示第一张图片*/
    if (i === 6) {
        i = 0;
    }
    change();
});
```

10.4.6　鼠标滑过小图显示大图

鼠标滑过小图显示大图效果如图 10-11 所示。在新品首发栏显示了 8 张商品图片，当鼠标滑过每张小图片时会显示其相应的大图。

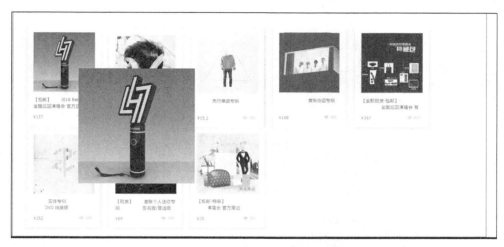

图 10-11　鼠标滑过小图显示大图效果

具体代码如下：

```
// 鼠标滑过小图显示大图
    // 定义保存图片路径的数组
    var imgs = [ {
        "smallSrc" : "imgs/shop01.jpg",
        "bigSrc" : "imgs/bigshop01.jpg"
    }, {
        "smallSrc" : "imgs/shop02.jpg",
        "bigSrc" : "imgs/bigshop02.jpg"
    }, {
        "smallSrc" : "imgs/shop03.jpg",
        "bigSrc" : "imgs/bigshop03.jpg"
    }, {
        "smallSrc" : "imgs/shop04.jpg",
        "bigSrc" : "imgs/bigshop04.jpg"
    }, {
        "smallSrc" : "imgs/shop05.jpg",
        "bigSrc" : "imgs/bigshop05.jpg"
    }
    , {
        "smallSrc" : "imgs/shop06.jpg",
        "bigSrc" : "imgs/bigshop06.jpg"
    }
    , {
        "smallSrc" : "imgs/shop07.jpg",
        "bigSrc" : "imgs/bigshop07.jpg"
    }, {
        "smallSrc" : "imgs/shop08.jpg",
        "bigSrc" : "imgs/bigshop08.jpg"
```

```
}];
// 页面初始化函数
function init() {
    for ( var i in imgs) {
        $(".shopList").append(
                "<li ><img class='smallPic' num=" + i + " src='"
                    + imgs[i].smallSrc + "'></li>");
    }
}
init();
$(".smallPic").mouseover(
        function(e) {// 鼠标滑过小图事件
            var bigImgEle = "<div id='bigImg'><img src='"
                    + imgs[this.getAttribute("num")].bigSrc + "'><div>";

            $("body").append(bigImgEle);
            $("#bigImg").css({
                "top" : e.pageY + 10 + "px",
                "left" : e.pageX + 10 + "px"
            }).show();
        }).mouseout(function() {// 鼠标滑出小图事件
    $("#bigImg").remove();
}).mousemove(function(e) {//鼠标在小图上移动的事件
    $("#bigImg").css({
        "top" : e.pageY + 10 + "px",
        "left" : e.pageX + 10 + "px"
    });
});
```

鼠标滑过小图显示大图的实现过程如下。首先，小图及其对应的大图路径保存在数组 imgs 中；其次，定义页面初始化 init()，此函数将小图及其相应的大图加载到页面中；最后，通过 mouseover、mouseout（鼠标滑过小图及滑出小图）这两个事件来实现鼠标滑过小图显示大图的效果，mousemove 事件是鼠标在小图上移动过程中大图跟随鼠标的移动而移动。

本章小结

本章主要通过一个仿照某音乐商城网站的案例将本书所介绍的知识点进行了综合练习，除了 jQuery 相关的理论知识，更重要的是 jQuery 的选择器、事件、方法、动画等知识点的灵活使用。此案例介绍了使用 jQuery 技术实现的一些页面效果，这些页面效果在网页中经常会遇到。当然，要更好地使用 jQuery 技术还需要读者进行大量的练习及孜孜不倦的探索与研究。

习　　题

编程题

1. 采用 Ajax 实现用户注册，保存数据库部分可以省略。
2. 实现鼠标滑入导航显示下拉菜单，鼠标滑出隐藏下拉菜单的特效。